# 從仙台跳槽矽谷

## 日本企管講師寫給新鮮人的職場進化手冊！

渡部卓
Takashi
Watanabe

# 前言

「輕輕鬆鬆就能做出成果，這種事不太可能發生吧？」

——愈是努力的人，大概愈會這麼想吧。

拿起這本書的你，日常工作中是否經常浮現「明明很努力卻看不到成果」、「想重新檢視工作的方式，卻不知道該從哪裡開始」這類煩惱呢？愈是努力的人，應該愈能感受到這類挫折。

在此請先容我稍微自我介紹一下。我現在的職務為實務家教師，主要於大學教授商業和心理學相關的科目，也有不少針對商務人士的學習會和指導的委託，以專家身分提供建議已有十五年以上的資歷。

我曾經換過七次工作。我待過矽谷的科技大企業、中小企業、網路新創公司、顧問公司等，於各式各樣的職場環境工作過，不受產業的束縛。

這些工作經歷全是以跳槽的方式升遷，薪水也隨著每次跳槽而攀升；然而與此同時，我的工作量、壓力和責任也愈來愈大。

從仙台分店突然搬到美國，一個日本人在紐約的辦公大樓中工作，在不斷變遷的環境中比任何人加倍努力。縱使在這樣的環境下，我依然克服壓力，成功地做出成果。這些經歷使我學會本書即將介紹的工作術。

「輕輕鬆鬆就能做出成果」的工作術，是靠我自己的力量，有些是在上司的指導下才發現並學會的規則和習慣。一次又一次的跳槽，使我遇到許多既嚴厲又樂觀的上司，這些人雖然常常給我壓力，但我也從他們的身上學到一流的工作術。

工作儘管辛苦，卻也讓我樂在其中。輕輕鬆鬆也能取得業績的工作術列表，我將其分門別類，項目大約有一百項。

本書不談理論、理想或是艱澀難懂的內容，而是介紹今天就能立刻派上用場的工作術。

沒有努力的感覺，不，倒不如說很輕鬆，卻能做出成果——這樣的工作術如何在自己的大腦中系統化為個人模式？請各位務必利用本書逐一探索具體的方法，試著轉化為自己的工具。

渡部　卓

## 第1章 輕輕鬆鬆就能做出成果的「時間管理」

## 第2章 輕輕鬆鬆就能做出成果的「環境管理」

## 第3章 輕輕鬆鬆就能做出成果的「溝通技巧」

## 第4章 輕輕鬆鬆就能做出成果的「遠端辦公」

## 第5章 輕輕鬆鬆就能做出成果的「跳槽升遷術」



## 第6章 輕輕鬆鬆就能充滿活力的「4R減壓術」

## 第7章 輕輕鬆鬆找回生活熱忱的「差不多金句」

第 1 章

# 輕輕鬆鬆就能做出成果的「時間管理」

第 1 章

# 01

## 過度的整理，導致工作品質下降

——倘若徹底整理整頓，事物就會朝負面的方向發展

為了提高工作效率，減少失誤，整理整頓是基本中的基本。但千萬別誤會，整理整頓並不等於工作。

整理整頓往往會讓人覺得有在工作，但這是很大的陷阱。

桌面和抽屜都整理得一乾二淨，資料架上的文件分門別類，方便隨手取用；然而，這種事任誰都會做吧。**如果過度整理整頓的話，反而會導致工作效率大幅下降**。

製作資料也是如此。據說有些中央省廳只因為資料上的文字有半角的偏差就被上司嚴厲指摘，修改完畢後又得花半天才能得到批准。

**為了避免過度整理，不增加物品也很重要。**

我年輕的時候曾在外資公司上班，那時的上司就告訴過我：「別讓物品和文件增加，別過度整理，你可沒時間拘泥在這些小事上。」這才讓我恍然大悟。他們說得沒錯，物品一旦增加，就必須花時間整理。相反地，如果沒有物品就沒有整理的必要。在工作中，還有其他比整理更應該優先處理的事情。

此外，喜歡整理的人也有喜歡詳細筆記的傾向，這一點也必須注意。要是筆記做得太過詳細的話，就會花費許多精神在做筆記這件事情上，從而用掉太多時間。

在銷售過程中，如果只專心寫筆記的話，就會沒時間觀察對方的表情。我曾擔任過營業部長和分店長的職務，在我的印象中，業績不錯的部下多半都不會寫筆記。

依賴筆記也會讓人產生不習慣動腦的不良影響。我的做法是**只把重點寫在筆記上**。

例如，計畫中止我會用「plan stop」來標註，見面時間則寫成「A先生，十一日八點」。只把重要的事情用簡短單詞寫出來，這樣既能產生專注力和思考力，也能避免浪費一堆時間做無謂的筆記。

減少做筆記的時間，當場記住內容、對方的長相和特徵。有些人可能會問：「忘記生意和會議的內容不是很麻煩嗎？」但其實忘記這些事並沒有想像中的那麼重要。

第1章

# 02

# 早起一小時，任誰都能做出成果

——早起的鳥兒有吃不完的蟲

「我要通宵拚命工作，因為連拿破崙也只睡三個小時。」其實就算忽略這種毅力論也無所謂。此外，讓大腦保持活力的，既非能量飲料，也不是咖啡因。**想要輕鬆地做出成果，「充滿活力的大腦」不可或缺**；為此，**最重要的是維持良好的睡眠和早起習慣**。

先從無論是誰都能在固定時間起床開始做起。除了手機的鬧鐘之外，還要另外設置兩個鬧鐘，就算是百圓商店買來的鬧鐘也無妨。手機的鬧鐘聲別用單調的鈴聲，可以選擇讓心情好轉的歌曲，或者使用能在睡眠變淺時觸發鬧鐘的手機應用程式。為了能神清氣爽地起床，最好在這方面多花點心思吧。

血清素、褪黑激素等腦內荷爾蒙是讓大腦在清晨時段最活性化的成分，而相關的腦科學研究陸續有數據得到驗證，同時發表論文；此外，這也是目前正在研究用來預防憂鬱症的基礎。

然而，這段清晨黃金時間，我只能持續大約兩個小時。我會**利用這段期間從事需要靈感、企畫力、研究或分析的工作**。把回覆電子郵件和收集資訊等工作移到下午，和早上要做的工作區分開來，養成這樣的習慣後，就能感受到輕鬆做出成果的真實感。

我把起床時間定在早上六點半。只要堅持在固定的時間起床，那麼到了晚上十一點左右就會自然產生睡意。洗澡則是要在十點之前完成，讓體溫下降，使具有放鬆作用的副交感神經占優勢；另外過了晚上十一點，就盡量不碰手機和電腦。

為了保持這個習慣，我決定除了送別會以外，其他聚會都不參加續攤。客戶中有不少好酒貪杯之人，儘管拒絕續攤需要勇氣，但我不記得自己曾經因為這樣而影響到銷售業績。

第 1 章

# 03 午餐只花十分鐘，集中利用大腦黃金時段

——午餐時間有許多提高工作效率的提示

用餐時間的管理也很重要。

我最近十年是實踐早晚餐慢條斯理、午餐十分鐘解決的三餐形態。

當然我有不少吃商務午餐的機會，這裡終究是以在辦公室用餐時為前提。

午餐的內容是蔬菜汁和啤酒公司生產的十種機能性食品，一袋不超過兩百日圓；此外，早晚都要攝取保健食品。我會利用保健食品來攝取乳酸、鈣、鋅、鐵、維生素B6和B12，以及葉酸和鋸棕櫚。

以前每天午休的時候，我都會和同事一起去外面吃拉麵，或是到咖啡廳放鬆

一下。

儘管充滿回憶，但對於現在的忙碌生活來說，這樣的午休度過方式既浪費時間也不健康。

想當然，去外面吃飯時，不管是誰都會不自覺地花上一個小時。如果有一小時的午休時間，不妨試著用手機看新聞，同時花十分鐘吃完午餐，那麼剩下的五十分鐘就會直接變成自由時間。

**午休時間依然有充分的精力和體力，可說是集中精神的最佳時光。如果這段時間只花在吃飯上面，這樣豈不是太浪費了嗎？**

另外，十分鐘吃完午餐，就能空出散步和午睡的時間了。散步可以刺激大腦，從而產生新的點子。餐後散步的習慣，能成為下午輕鬆做出成果的契機。

十分鐘午餐對我而言不僅對身體好，對大腦的活性化也很有幫助；我將其訂為自我規則，實施將近十五年的時間。不過需要注意的是，這種午餐形態能否推薦給年輕一代，仍必須詢問醫生的意見。

大多數的商務人士都沒有意識到，通過用餐時間的管理，可以在創造「時間」的同時提升身體狀態，從而獲得下午工作時的「專注力」。

不光是用餐時間，未來我們應該針對所有「不加思考、只是茫然度過的時間」重新思考和管理。

用餐時間的管理，想必能成為改善工作和生活時間使用方式的良好契機吧。

第 1 章

# 04

# 不出席浪費時間的會議

## ——重新檢視辦公室的努力方式

時間管理最重要的是避免過度的時間共享和情報共享。

辦公室工作需要注意的是聚集所有人的會議，尤其例會更是浪費不少時間。

即使在遠端工作普及的今天，也有人喜歡聚在一起開會。隨著線上會議的普及，如今只要打開手機就能開始進行會議；由於非常方便，使得開會的次數也隨之增加。做這些事並沒有成果，例如以「遠端工作看不到大家」為理由，每天下午五點定時開會，結果到頭來只是閒聊和寒暄幾句就草草結束了。

通過定期（線上）會議來營造成員團結一心的氛圍，這句話雖然聽起來很漂亮，但**毫無意義的會議會導致工作效率低下**。現在就從這類會議開始，讓我們重新檢視「在辦公室浪費的時間」吧。

以我的上班時間為例，我會在早上七點多出門，八點到公司，上午完成例行公事。下午則按照自己的步調，以接近悠閒加班的感覺繼續工作。如果大學沒有課，我就會一口氣放慢步調，從事需要動腦的工作，或者與人會面。與其他人見面時，如果是以交換情報為名義，我也會加以拒絕；因為大部分都是我單方面地提供情報，算不上是交換。開會也是一樣，沒有明確的目的或主旨，當遇到這類沒有計畫的會議，我就會找個理由落跑。

**在辦公室時要盡量減少被自己以外的因素影響時間的情況**，這樣一來，想必就能發現讓自己工作效率最高的工作形態。我猜結果可能會和我一樣，大家應該會得到在辦公室工作約五個小時，就能做出充分的成果這樣的結論。

第 1 章

# 05

## 通勤的兩小時，也能化疲憊為復原力

——切換思考方式，改變鬱悶的通勤時間

如何有效利用通勤時間，對時間管理來說是非常重要的事。

我在擔任百事可樂的千葉分店長時，曾經每天都花兩個小時在通勤上面。因為這件事實在非常痛苦，我一直拚命思考該如何利用這段時間，並付諸實踐。現在就讓我把方法告訴各位吧。

**其一：從通勤路線中找到樂趣**

最不可取的想法是「把通勤當成單純的移動時間」。

如果產生這樣的想法，就會覺得通勤時間只是在浪費時間。如果單程需要兩個小時，那麼一天來回就會浪費四個小時。

為了避免出現這種情況，第一步就是**給通勤路線增加「樂趣」**。別在最短距離的通勤路線中尋找樂趣，故意繞遠路才是重點。

舉例來說，去車站地下街購買好酒、熟食、甜點都是不錯的選擇，也可以培養去書店、咖啡廳、按摩、文化講座、進修的習慣。

如果可以的話，不妨把大型書店、家電量販店，或各廠商的特產直銷商店等資訊集中的地方納入路線當中，這樣一來，**在網路上看不到的各種豐富原始資訊，就會每天自然而然地在你的大腦中更新**——這也對輕鬆提高工作能力很有幫助。

**其二：通勤途中決定如何利用手機**

現在的智慧型手機就像「哆啦a夢的百寶袋」，可說是無所不能的設備。

然而，人類是一種很難搞的生物。明明手機有很多功能，但即使想在通勤時間利用手機做些什麼，也找不到動力去做。

最好的辦法就是在搭乘電車之前，先決定好「今天要用手機做哪些事」。

**只要像電腦程式一樣，把什麼時候該做什麼事制定為自我規則，身體就會自然而然地做出行動，從而有效利用時間。**

我建議可以利用規模效益較大的大型企業所推出的服務。

首先，最好重新確認一遍Amazon、樂天、Yahoo!等服務。我個人認為「Amazon Prime」有很不錯的CP值，「Prime Reading」可以讓我們閱讀多樣化的書籍或雜誌，「Music Prime」不僅可以聽音樂，還能練習英聽；如果訂閱的是「Unlimited」，可供利用的資訊更多。雖然需要追加費用，但只要充分利用的話，這點花費根本不算什麼。

此外，我們也可以養成事先將資料上傳到Google drive、OneDrive等儲存服務上，再通過智慧型手機或遠端桌面瀏覽資料的習慣。

**其三：進行冥想**

把通勤時間當成冥想時間也很有幫助。

我大約從二十年前就開始研究正念療法。根據自身的實際感受，我強烈推薦在電車中冥想所帶來的效果。

配合電車行駛時發出的匡噹匡噹聲，集中專注力同時進行腹式呼吸，自然就能進入深度的冥想狀態。**冥想能夠用來恢復通勤時所消耗的時間**，換句話說，沒有比這更有效利用時間的方式。

# 第 2 章

# 輕輕鬆鬆就能做出成果的「環境管理」

第 2 章

# 01 重新檢視手機主畫面，建立工作新捷徑

——「複雜」是混亂的根源

善於利用物品的力量，可以大大減少無謂的努力。

沒有整理智慧型手機的主畫面，是大多數人的通病。

簡單地對這些小地方進行優化，工作效率就會大幅提升。

我的建議是，**將電話、電子郵件、日曆、備忘錄等工作上會用到的應用程式，以及睡眠管理等健康工具擺在第一頁**，這裡還會加入通勤途中用來尋找車站位置的應用程式。第二頁是Facebook、Twitter、Instagram等社群軟體，第三頁以興趣為主。

換言之，這種排列方式也相當於人生的優先度。下面一一介紹具體的使用方式吧。

首先，最優先想到的，果然還是和工作有關的應用程式。因為這些應用程式都放在第一頁，所以工作一有需要，就能夠立即處理。此外，手機上總能看到與工作相關的圖示和通知，這樣也能降低開始工作時的抗拒心理。

工作上會用到的應用程式，應該優先選擇操作簡單、能夠相互連動的應用程式，並將其擺在第一頁。

依我的角度來看，日曆、備忘錄、待辦清單這類應用程式，比起能夠完成各種事情的單一應用程式，Google這類特別重視連動功能的應用程式更容易使用，操作起來也更輕鬆。讓我們把「具備連動功能的應用程式」優先放在第一頁吧。

說到與智慧型手機的連動，就不得不提到智慧手錶的實用性。特別在健康方面，我認為智慧手錶非常值得關注。

確保六小時的優質睡眠，可說是我的健康術核心，而智慧手錶和智慧型手機的連動，對於維持健康帶來很大的幫助。

也有一些應用程式可以為我們提供關於睡眠的有用數據。應用程式可以透過追蹤來取得睡眠數據，提供為每個人量身定做的資訊，讓我們知道如何才能獲得更高品質的睡眠，這對我來說非常有幫助。

將這些應用程式放在第一頁，可以幫助我們快速瞭解工作與生活平衡中哪些部分最為重要。

放在第二頁的社群應用程式可以幫助我們與重要的親友建立聯繫，只是稍不留神就會浪費太多時間在上面，所以我才把它放在第二頁。

我只會在通勤的空檔、午餐時間以及睡前這幾個固定時段使用。因為光是看親友的社群消息，一天很快就結束了。

第三頁的興趣包括時下年輕人最喜歡玩的手機遊戲。學生時代，正值青春的我很沉迷打麻將，至於有多沉迷呢……這部分實在難以啟齒。玩遊戲比看社群應用程式還要花時間，所以玩的時候要有計畫。我知道執行起來並不容易，但玩手機遊戲往往會造成工作與生活平衡的阻礙。

若想消磨時間的話，不妨透過YouTube影片學習自己感興趣、與工作相關的知識。有不少學生都會利用YouTube觀看搞笑節目的剪輯或遊戲實況，不過YouTube上的影片種類豐富，有很多人會以淺顯易懂的方式教授專業的內容，可說是不錯的學習工具。若能有效利用它，那麼YouTube的應用程式就應該放在最上面。

第 2 章

# 02

## 電腦每兩年換新，定時更新你的科技力

——「還能用」的想法會降低工作能力

電腦的功能逐年提升，但同時價格也在上漲。想必有不少人會為了省錢而「繼續使用」吧。

尤其是四十歲以上的人，由於跟不上電腦功能提升的速度，因此有不少人都會用到壞掉為止；另一方面，年輕世代因為使用智慧型手機或是平板電腦比較頻繁，多數人都不換電腦，甚至沒有電腦設備。正因如此，這裡才出現拉開差距的關鍵。

**還在繼續使用舊的電腦和印表機，就意味著仍離不開舊的電腦軟體，**那麼做

說不定會對你這個人的更新造成阻礙，而且舊軟體的安全管理方面著實堪憂。

另外，如果堅持用到壞掉才換，那麼之前累積的重要資料就會在一夕之間全部化為烏有，釀成無法挽回的悲劇。因此，電腦還是及早更換比較好。

有人會問，為什麼是隔兩年呢？因為這段週期有新電腦上市，原本使用的機器也不容易出現故障，可以在無後顧之憂的情況下安心使用。

像我的印表機和掃描器也會固定每兩到三年更換一台。使用新的印表機和掃描器，也可以大幅減少紙類文件。

更重要的是，這些機器如果只使用兩年的話，二手價格不會下降太多，即使讓專賣店回收，仍有不錯的價格。

第 2 章

# 03

# 優化網路速度，線上會議再也不卡卡

——光是「能用」並無法發揮力量

各位家裡的網路環境現在變得如何呢？

當初是不是按照廠商手冊建構，或者拜託朋友幫忙設定，後來就丟在那裡好幾年不管，結果現在累積了厚厚一層灰？

就像電話和傳真一樣，大部分的人都不會注意網路的性能；然而，這個部分也有很大的增加產出空間。

為什麼我會這麼說呢？

**因為重新檢查家裡的網路環境，不僅可以提升瀏覽速度，讓電腦以外的設備**

**用起來更方便，還能增加可供使用的服務內容，讓所有與網路相關的事物都變得更加便利。**

現在有一種無線區域網路，我們只需要將中繼器插入電源插座，只要簡單操作就能享受無線網路。我雖然住在三房兩廳的公寓裡，但因為設置了兩台中繼器，所以每個房間都能順暢無阻地使用無線網路。市面上有許多免費的手機應用程式，可以幫助我們輕鬆地測試網路速度，建議大家不妨下載安裝，以便經常檢查家裡的網速。

還有一點需要注意。在使用ZOOM等視訊軟體的時候，最好盡量讓電腦連接有線網路，這樣就能大幅降低ZOOM的網路卡頓的風險。當電腦作為主機分享影片或者舉辦網路研討會時，無線區域網路比較不穩定，最好還是注意一下。

下面介紹兩個重建網路環境的具體方法。

**其一：重新檢視設備**

只要將數據機和路由器全都更換為新的設備，不管是有線還是無線網路，都能夠提升傳輸的速度。數據機也能自行聯繫網路公司更換成租用設備，如果只在自家使用的話，不用一萬日圓就能買到高性能的優良產品，以家戶支出而言並不算貴。

網路環境儘管不起眼，但如果長年置之不理，日積月累下來還是會造成不小的麻煩，最好趁這個機會重新檢視一下。

**其二：導入新的系統**

現在能用在家用網路（LAN）的系統陸續誕生，其中最受到矚目的就是「NAS（Network Attached Storage）」。

NAS是一種可以連接到網路上的硬碟設備。它不僅能夠直接連接網路，包括智慧型手機、平板電腦在內，提供多台電腦同時使用，即使人在外面也可以連接。過去必須具備資安和網路構建的專業知識才懂得操作，但如今只要稍微懂電腦的人都能自行安裝。雖然是將近三萬日圓的投資，但它或許能大大提升你的產出效率和品質。

第 2 章

# 04

# 一流的職場精英都擁有三種包包

——意想不到的包包重要性

我在矽谷工作的時候，身邊有不少人都對包包很執著，大家都會互相關心對方的包包。

我認識的工作能力很強的商務人士，都對包包有強烈的堅持。**日用包、設備包、商務包，這些人都會適當活用這三種包包**。

各位身邊是否有那種對包包漠不關心，每天都提著破爛不堪、用了五到十年的黑色皮革公事包的人？我也不是不瞭解捨不得丟掉或想節省的心情。只不過，這樣的人會給人一種「工作能力差」的印象，導致專業形象大大扣分。

下面就讓我們來談談這三種包包的重要性，以及如何挑選吧。

### 其一：日用包維持通勤健康

活躍在美國最尖端的商務人士，從三十年前開始就使用**小型的雙肩背包**作為通勤等場合的日用包，也就是**所謂的後背包（Knapsack）或小背包（Daypack）**。似乎是考慮到通勤時的健康、行動方便性和功能性，最終才決定將這些包包用於通勤上。

以日本人的常識來看，可能會覺得外觀過於輕便休閒也說不定。對於中高齡的男性商務人士而言，雖然會覺得用在通勤上不太方便，但從健康的角度來看，這是最適合的包包。

### 其二：設備包的重要性

筆電與平板電腦及其週邊設備的重要性日益增加，這點毋庸置疑。最近許多包包都附有這類設備的收納空間，但從功能性來看，仍是專用包略勝一籌。

電腦用的包包非常重視**輕便和防摔**這兩大特點。為了避免在出差和談生意的地方沒電，最好選擇能夠妥善收納電池及充電線的包包。如今隨時都有可能因為發生大災害而沒電可用，在這樣的前提下選擇包包是相當重要的一件事。

### 其三：商務包不要拘泥於名牌

日常生活使用日用、設備用這類實用性的包包，但如果是正式場合，仍必須以符合氣氛的包包來搭配。儘管或許也有人會自信滿滿地說：「自己才不拘泥於這些形式！」但即便如此，做生意的對象如果是能夠迎合周圍氣氛的人，給人的信賴感想必也會有所不同吧。

假如是在全球各地出差當空中飛人的商務人士，大概都會希望自己擁有COACH、萬雙、Hartmann這樣的名牌包吧。就連我也擁有不少這些名牌的商務包。

只不過，現在是可以在電子商務網站上從各國挑選各種商品的時代，也可以說是比起高級名牌，更注重產品功能性的時代。

我在兩年前買了一個包包，以取代原本使用約十年的商務包，那是要價將近十萬日圓的著名品牌包包。我本想再購買一個同樣的款式，但總覺得它有點重。後來我在中國一家很小的網路商店購買別的包包，雖然已過了兩年，但我現在依然每天使用它。

別莫名執著於從名牌中挑選，而是**尋找適合自己的款式**。**我認為這件事也能改變一般工作上的意識，對於做出成果的啟發也有幫助**。

第2章

# 05 選一雙好鞋，比西裝更直接決定工作成果

## ——提升工作能力，成為健康支柱的重要物品

「把錢花在地面和自己之間的物品上。」

這是在美國廣為流傳的一句話，這句話充分表現出投資在鞋子、床、床墊、坐墊這類物品上的重要性，每一樣都是長期使用的物品。

把錢花在這些地方，擁有大量的資訊和點子，想必就會在工作上與周圍的人出現很大的差距吧。其中，鞋子更是工作中不可或缺的物品。

鞋子的選擇方式非常重要。**不根據刻板印象，或者只重視設計，而是從健康面和舒適的角度來選擇。**

我個人比較關注及偏好一家名叫「ＭＢＴ」的製造商所生產的鞋，這家公司販賣許多不管穿著西裝或夾克都很搭配的款式。

其鞋底有獨特的曲線，只要每天上下班穿著它走路，就能自然而然地矯正走路和站立的姿勢了；加上能比一般的商務鞋消耗更多的熱量，所以也具備減肥的效果。沒有時間運動的人，也能輕鬆在工作中維持健康。

此外，即使到了令和時代，也有很多客戶會觀察鞋子。鞋子是否髒了，鞋帶是否斷了……，尤其是被稱為昭和時代的人，在談生意和面試時也會觀察這些地方。

鞋子不必準備太多雙，但起碼要有黑色、藍色、棕色這幾種顏色。休閒商務兩相宜，即使穿著牛仔褲和運動鞋上班，也能藉由顏色的搭配來改變工作心情。日常生活中的色彩管理十分重要，它也能對心理帶來很大的影響。

第2章

# 06 投資桌椅，就是投資你的未來表現

——儘管昂貴，但從長遠來看卻是最划算的投資

桌子和椅子會直接關係到工作的效率和舒適度，卻經常受到忽視。有位專家朋友告訴我，受到新冠疫情的影響，在書桌前長時間工作而導致腰痛或肩膀僵硬的人正在持續增加。

腰痛變成老毛病，疲勞不斷累積，不知不覺變成駝背，周遭有不少對身體造成影響後才意識到這個重要性的人，而我也是其中之一。**從健康面的角度來看，正因為是每天都要使用的桌子和椅子，所以更需要把錢花在上面。**

比起桌子，一般椅子和高級椅子，兩者的差距更明顯。便宜的椅子連五千日

圓都不到，好一點的像Aeron chair這類要價二十萬日圓的商品也很常見。

這些商品的特徵是外觀上的差異並不大。既沒有豪華的裝飾，設計上也沒有什麼特色，價格卻有如此大的差距；就算有人認為「不買那麼貴的也可以吧，反正又沒有多大差別」也是沒辦法的事。

然而，如果從健康的觀點出發，椅子的價格固然昂貴，但它能幫助我們輕鬆地做出工作成果。維持身體健康，預防腰痛，會直接關係到工作效率的提升。

當然，我的意思不是告訴大家只要努力挑個昂貴的椅子來用就好。不僅從眼前的金額來評斷「事物的價值」，還要從預見未來的角度來思考，意即掌握所謂的「價值素養」，這對於工作的產出也很重要。這樣的意識能幫助我們提升工作的品質。

第 2 章

# 07

## 設計桌面照明，打造提升創造力的空間

——管理光線來提高工作品質

在物品管理中，桌子周圍的照明是特別需要優先考慮的部分。我見過的那些一流大公司，都會花大錢請燈光設計師幫忙設計辦公桌周圍、室內、走廊、玄關大廳的照明。

即使沒辦法改變全公司的照明，也能立刻動手改善自己辦公桌周圍的燈光。話說回來，我們應該如何進行改善呢？

首先要知道燈光有哪些種類可以選擇。只要前往照明專賣店看過一遍，想必會驚訝地發現居然有那麼多種類。

有舒緩眼睛疲勞的桌燈，還有可以節省空間、以適當角度照射光線的長臂桌燈等各式各樣的燈，不妨從中挑選一個適合自己需求的款式。不光是實用面，房間裡擺放古典風格的燈，也能提升生活的質感和時尚感。

環形燈由於能將光線均勻地照射在目標上，在從事遠端工作的時候，具有讓臉看起來更好看的效果，我認為導入這樣的照明也別有一番樂趣。在重要的網路會議上，也可以輕鬆地給別人留下好印象。

無論哪一種燈都不貴，即使是從網路上買來的燈也能使用，這可說是照明的優點。

**在照明上下一番工夫，以提升工作空間的品質，這也有助於提升創造力**。光線的管理可以幫助我們輕鬆地創造出獨特的工作環境。

第 2 章

# 08

## 放棄手寫堅持，讓手機成為你的個人助理

——毫無計劃地使用記事本應用程式非常可惜

每到十二月，商店就會擺滿明年的商務記事本，而檢查那些記事本可說是我的樂趣之一。

只是不知從何時開始，筆記本和記事本都因為智慧型手機的出現而數位化。只要帶著手機，身上就不必另外攜帶筆記本。

如今，記事本應用程式的輸入變得愈來愈簡單，甚至還能利用語音的方式來輸入，再也不必準備筆記用具。

喜歡使用鉛筆或鋼筆的人，也能利用iPad和Apple Pencil，來享受和紙一樣

的書寫感覺，甚至還能畫出色彩豐富的素描。

此外，它還能連接或保存照片、影片、聲音等檔案，可以輕鬆地與電腦連動和分享。加上可以針對會議或預約時間設置提醒，能夠大幅減少忘記預約或遲到等情況。

**生活在現代社會，只要學會活用數位設備，個人用戶就能輕鬆地實現資訊集中化和效率化。**

資訊集中化能讓我們在工作整理思緒時變得游刃有餘，這可以說是輕鬆做出工作成果的基礎。

我們還可以透過Google drive等雲端服務來儲存資料，即使手機壞掉，資料也不會遺失。

除此之外，也能通過連接其他平板電腦等設備，把資料保留下來。最近由於在家工作的需要，有不少人開始在自己的家中安裝ＮＡＳ。

紙本的記事本一旦遺失，重要的內容就再也找不回來，況且它還不能上鎖。現在仍有不少人選擇使用紙本的記事本來記錄，市面上甚至還有許多介紹如何有效率地使用記事本的書籍。

不過，我個人比較建議年輕人能充分利用智慧型手機的筆記或記事本應用程式，透過統一資料的方式提高工作效率。

# 第 3 章

# 輕輕鬆鬆就能做出成果的「溝通技巧」

第 3 章

# 01

# 無法端出亮眼成果的五種性格，你是其中之一嗎？

## ——從人物的類型看穿問題的本質

減少在人際關係上花費的精力，不得不勉強自己努力的情況就會大大減少。

本章將會介紹與其他人良好溝通的方法。

被我指導過的人不在少數，根據我的經驗來看，我認為職場上有五種「性格類型」。需要注意的是，這並不是經過學術驗證的分類，實際上大部分是這五種類型的混合。只是，完全符合這些類型的人，不知為何往往會出現怎麼努力也得不到成果的傾向。

注意站在客觀的角度，試著檢視自己、部下、上司是否符合這些類型，接著再確認和不同類型的人的相處方法。

## ●「循規蹈矩型」平時優秀，一遇挫折就很脆弱

就我的印象中，這種類型常見於國立大學畢業的精英、公務員、金融機構。由於個性認真，頭腦也夠優秀，自學生時代以來人生幾乎沒有經歷過什麼重大的挫折，因此一旦遇到意想不到的狀況，就會感受到不必要的龐大壓力；即使在旁人看來不過是小小的失敗，他們內心也很容易認定：「人生已經失敗，沒有挽回的餘地了。」

不僅如此，這類人在心力交瘁的情況下仍然會繼續埋頭逞強，拚命努力，導致周圍的人都誤以為「那傢伙很努力啊，看來沒什麼問題」，結果往往被逼入更不妙的窘境。

必須盡早對這種類型的人所造成的麻煩提供協助。**對於不擅長的部分，安排能夠幫忙照料的人在他身邊，盡早伸出援手**。盡可能使其維持在「平常」的狀態，如此一來就能快速成長，累積經驗後也能應對變化，進而成為值得信賴的人才。

### ●注意「直率熱情型」的不服輸之處

開朗、熱血且不服輸，心理和身體素質都很堅強，具有強烈的上進心，這類人常見於體育界。當然，這樣的特性往往能發揮正面的效果，但同樣也有不好的一面。

因為個性不服輸，一旦結果不如意就會感到焦慮，強韌的體力和精神力也總是因為拚命掙扎而消耗殆盡；此外，如果是以碰運氣的方式，在非黑即白的情況下二選一，就會因為固執己見而陷入困境。一旦產生壓力，就無法接受他人的意見，容易出現失控。

**在職場上要對事情的經過進行審慎的評估，不要執著於眼前的勝負，以這樣的觀點適時地給出建議。**

### ●「我行我素型」的認可慾望之可怕

這種類型常見於年輕一代。只在乎自己，極度自戀，熱衷鍛鍊自己，並且希望這樣的自己能得到更多人的認可。

這種類型的人基本上都很直率，所以只要充分傳達必要的資訊，將工作完全交給他處理，他就會積極地處理工作。只是，一旦工作上有某個環節不順利，他就會將責任推卸給別人，甚至翻臉不認人地怒吼：「這不是我的錯！」

我過去擔任管理職的時候，對於這種類型的人，我會特別注意將這些人自己提出想做的工作，或者表現出感興趣的工作分配給他們。**和這種類型的人充分溝通，在業務面談時告訴對方：「從你的素質來看，我建議不妨擔任這樣的角色，希望能得到你的同意。」像這樣留下紀錄是很重要的一件事。**

## ●「萬事通型」會限縮潛力

這種類型的人有著無欲無求、豁達的人生觀，像是任何事都了然於胸一樣，有出色的「察言觀色」能力；不出風頭，擅長與上司保持適當的距離。由於工作成果穩定，在職場上往往會成為核心人才。

可惜的是，非常堅持自我價值觀，會試圖與其他人劃清界限，在人際關係中有時會因為產生摩擦而遭到孤立。

這種類型的人特別討厭來自熱血的體育型上司給予的「合作意識和配合」壓力。有時會不小心做出違抗的行為，不僅讓上司的顏面盡失，好不容易建立的口碑也因此下降。總是瞧不起職場累積的實績和潛規則之下的流程，導致本身的成長空間也受到限制。

固執己見往往是這類人最大的優點，如果強迫他們改變觀念的話，會讓原本的優點隨之消失。與其改變對方的觀念，不如接受這樣的個性。為此，最重要的是**找出合適的距離感**。**試著找到彼此不會摩擦的良好距離吧**。

## ●「創意型」不擅長一般業務

有敏銳的直覺，時常追求獨特性和獨創性。這種類型的人，在旁人的眼裡看來特別有魅力。

然而，他們不擅長一般業務，也不懂得怎麼做才能慢工出細活。這類人很適合從事業務工作，能發揮才能的時候倒還好，但也經常陷入低潮。假如一直處於不順利的時期，自己變得沒有餘裕的話，視野就很容易變得狹窄。

這種類型的人**只要找到控制自己的方法，能力就可以發揮得更好**。與第六章提到的四個R對策搭配起來也有不錯的效果。

此外，這類人是憑藉氣勢或氣氛來行動，做起事來缺乏計畫，因此往往會出現不少問題。如果對方是上司的話，那麼在開始行動之前，**先請他針對可能發生的問題，事先擬定「如果變成這樣就如此因應」的對策**。只要有這道防線，做起事來就能按照原本的計畫，也可以增加發揮自身才能的機會。

主動掌握和理解各種類型的優缺點，針對其言行舉止要如何因應，最好每週進行一次模擬訓練。如果是上司和部下，利用集訓或培訓等機會分享各種類型的特徵也相當有效，企業中也不乏成功的例子。

第3章

# 02

## 跨越世代隔閡，順利攻略上司

——傳授與「時代」和睦相處的祕訣

昭和時代的上司和經營者總是擺出一副「高高在上」的姿態，他們經常對年輕人說：「既然你那麼厲害的話，現在就拿出成果給我看啊。」隨著網際網路的出現，昭和世代和年輕世代的隔閡愈來愈深。

之所以出現這種情況，是因為「昭和世代的人位於組織的最上層，他們擁有黃金時代的成功經驗，對於自己的做法頗有自信」。

年輕世代的人能夠根據新的資訊和感覺做出適當的判斷。然而，只要昭和時代的他們不肯點頭同意，事情就無法進行下去，這就是現狀。

下面從三個重點來談談如何順利攻略昭和世代的我和他（她）們。

**其一：徹底理解昭和世代的常識**

假如打從一開始就否定昭和世代的常識，那麼最終只會遭到反對和挨罵。首先，自己先去理解這些常識，透過「我會將這些充分運用在與客戶的溝通上」這類言行表達，讓對方無話可說。

要是每次都把昭和世代占著茅坑不拉屎的上司所說的話都當成耳邊風，那麼自己豈不是和那些老人沒有兩樣嗎？

**有值得學習的地方就好好學習，若能像這樣稍微改變看待上司的眼光，人際關係就會變得更加圓滑**。光是這種心態的轉變，昭和世代的上司絕對能敏銳地感受得到，而人際關係也必然會產生好的結果。

**其二：溝通方式上要配合昭和上司**

網路時代最大的變化就是可以透過數位平台進行交流。先不提智慧型手機和電子郵件，後來出現的社群網站、影片、雲端等數位平台，都讓很多昭和世代的上司趕不上時代。其中，瞭解網路常識的人更是少之又少。

不過，這方面能**尊重上司的做法和步調的人，想必做起事來都會比較順利吧**。該讓步的地方就讓步，配合對方的步調和網路素養，這也是攻略昭和上司的訣竅。

**其三：別忘記對上司的尊敬**

上司是你企業人生的一部分。如果不能和上司打好關係，不僅會增加不必要的辛苦，對實際工作也沒有好處，各種事情都無法順利進行。

自以為「錯的是上司，自己才是正確的」，這種情況特別常見。**在社會上，如果認為自己居於弱勢，就會覺得立場強勢的人所做的一切都是錯誤的。**

在公司可不能有這種想法。上司是你的夥伴，上司也希望能和部下建立良好的關係——話雖如此，處不來的情況確實存在，也難免會出現無法互相理解的部分。遇到這種情況時，自己就要主動退後幾步，換個思考方式，例如「盡量不看壞的地方，先別管合不合得來，吸收對方的優點比較重要」。不管是哪種上司，都有值得學習的地方，即使當成負面教材也可以。

在公司絕對不能做的事，就是企圖「找主管的碴」。有些試圖找主管碴的部下，反而會遭到上司利用職權刁難，這樣的狀況會導致組織腐敗，業績低下，甚至影響到日後的升職加薪。

如果出現無法理解的地方，第一步就是先請教上司，只吸收好的地方，最後再提出正確的觀點，這種吃虧就是占便宜的思考方式或許也有效。

第3章

# 03

## 捨棄與客戶的攻防戰，營造雙贏局面

——營造雙方都能夠接受的狀況

對許多人來說，商業是格鬥競技，談判是決勝負的瞬間。因此，與客戶的對話和談判中，如何讓對方接受我方的要求而取得「勝利」，有這樣的想法是很自然的事。

然而，在重視SDGs（永續發展目標）和企業倫理的現代，一味地採用這種做法，大部分的情況下只能取得小小的勝利，有時說不定還會像體育比賽一樣被驅逐退場。

**優秀的商務人士會透過雙贏的形式讓雙方都能滿意，雙方都接受真正想讓對方接受的必要事項才是最重要的目的。**下面將達到這個目標的重點告訴大家。

**其一：首先利用「直推法」觀察情況**

所謂的直推法（Straight Push），就是一開始就用坦率的口吻直接告訴對方自己的要求。和外國人談判時，這種方法在這類語言能力受限的情況下非常有效。

可是，如果讓對方認為「只能直接硬碰硬」的話，反而會適得其反。有句話說「忍一時風平浪靜，退一步海闊天空」，在某個點上做出妥協是必要的。但要是不小心走錯一步，結果做出很大的讓步，就會被對方吃得死死的。直推法在現代可以說已經幾乎不適用，但在和中國人談生意的時候，我也遇過好幾次這種交涉方式，所以最好還是銘記在心。

**其二：站在全局的角度，利用「Back & Stay法」讓給對方**

所謂Back & Stay法，就是採取後退（back）、等待（stay）的態勢，將對方拉進自己的陣地內；換言之，Back & Stay法是從傾聽對方的主張，到對方全部說完為止才開始。

然後，以找出雙方的共識為目的，通過不斷地對話來尋找結論。與「直推法」的做法完全相反，這個方法不會強烈訴求自己的立場。

利用這種方法深入話題，透過不斷努力來解決問題，雙方在這樣的心理狀態下，多半都能談出不錯的結果，看起來對雙方都有好處。

只不過，這樣的做法很花時間。像我就曾經因為這種談判方式而導致對方中途大發雷霆而失敗。

在時間決定勝負的時代，這個 Back & Stay 法有時無法如預期般發揮作用。只採用這種方法，一味地聆聽對方的要求，時間成本當然會增加不少；在大部分的情況下，我們會以為只要拖到事情成功就是達到雙贏，實際上卻是做出相當大的讓步。

**其三：以「Push & Stay 法」為基礎，最後用「微笑」取勝**

談判往往傾向於直推或 Back & Stay。然而，如果單靠單刀直入的方式，策略反而會被對方看穿；如果一味地Back，會給人效率不佳的印象，有時導致兩邊的要求遲遲無法滿足。因此，我們**將兼顧雙方優點的「Push & Stay法」作為基本形態**。

預測談判結果的利弊得失，同時注意Push & Stay的平衡；除此之外，記得隨時保持微笑也是談生意成功的重要關鍵。

從長遠的眼光達到雙贏的目標，抱持這個觀念，別擺出一副要戰鬥的姿勢，而是用微笑來面對。不管怎樣，重要的是別讓對方產生一種受到壓迫的心理狀態。先不提道理，這麼做更容易創造出雙贏形態的基礎。

第3章

# 04 身為男下屬，如何避免被幹練的女上司討厭？

——如何改變自己不善於面對女上司的想法

「面對女上司的時候，總覺得對方是不是討厭自己，實際上不知道究竟是怎樣？」我常遇到像這樣的諮詢。

說實話，當出現這類情況時，你的感覺應該多半八九不離十。況且，即使你按照以往的常識來應對，大概也改善不了這種尷尬的狀況。但要說放棄還為時過早，下面就教大家如何自然地面對女上司而不被討厭的重點吧。

**其一：找外面的女教練**

這一招既實際又有效，特別推薦給不擅長應付女性的男性。委託外面的單位，接受女教練的指導。每月一到兩次，不定期也可以，就算用ZOOM進行指導也無所謂。透過這樣的方式，就能理解女性的想法和觀點，使得原本僵硬的關係戲劇性地獲得大幅改善，這種情況我見過很多次。

**其二：不聊私人話題**

事業得意的女性，大部分都會把工作和私生活分得一清二楚。若關係並非相當親密，最好還是別涉及對方的私生活。**把焦點放在工作上的態度是關鍵**。

經常顧及上司的家庭狀況，在工作以外的時間聯絡對方時，一定要極力注意這方面的事。

**其三：用「不讓人討厭的厚臉皮」來面對**

厚臉皮當然會惹人討厭，但一定程度上必須由部下主動打破內心的隔閡，這麼說並沒有錯。

當年我在美國工作時，曾在一位美籍女上司的底下工作。對方的能力非常出色，讓我總是顯得很委婉客氣，所以我們一開始的關係並不融洽。然而過了幾個月，對方開始會用眨眼睛說「good job!」之類的話來誇獎我，之後我們的關係變得很不錯，業績評價也超出期待。

在這之前，我充分發揮了「臉皮厚卻讓人無法討厭」的本領。比方說，假如上司拿出孩子的照片給我看時，我就會做出「讚美孩子」或是「詢問孩子的生日並送生日禮物」等回應。

英語中是用Apple Polishing（幫對方把蘋果擦得乾淨光亮）來形容逢迎拍馬的人，但我是真心誠意地對孩子表示誇獎，所以我覺得這不能算是阿諛奉承。

這種**無條件受到肯定的行為，多少由部下厚著臉皮主動去做**，雖然這得視對方的情況，但應該能起到有效的作用。

第 3 章

# 05

# 與年輕精英上司共事的三個重點

——重要的是別刺激自卑感

當今社會，上司比自己年輕已不是什麼稀奇的事了。可是對生活在講求資歷的昭和時代的人來說，光是看到比自己年輕的上司就會備感壓力和排斥。

我自己在外資企業跳槽的過程中，也遇過好幾位年紀比我小的上司。

可是，在未來靠實力就能出人頭地的時代，與「年輕上司」打好關係成了理所當然的事。接下來就告訴大家如何巧妙地應付年紀比自己小的精英上司。

## 其一：尊重年輕精英的不足之處

年紀輕輕就能當上課長或部長的精英，幾乎都有缺乏實戰經驗、人際關係經驗的通病，無一例外。

他們的內心都對現場經驗不足抱有極大的自卑感，所以我們要理解這一點，在不傷害對方自尊心的情況下給予尊重。

具體來說，就是別提「沒有經驗」的部分，而是讚美其謙虛的地方，或者從好的意義上給予恭維。

**其二：「稱呼交代」不成體統**

即使對方年紀比較小，平時也要以「先生」來稱呼。

**在日本職場倫理裡，假如對方年紀比較小，通常就會用「君」來稱呼，但說不定對方會在五年或十年後成為自己的上司。**

一旦成為上司，自然就不能用稱呼後輩的「君」這個稱謂來稱呼對方，到了那時才突然改稱「先生」，相處上實在很尷尬。

外資企業經常將日本中學歷史學到的「參勤交代」戲稱為「稱呼交代」，這對當事人來說一定很難為情吧。為了避免這樣的窘境，還是一開始就以「先生」來稱呼所有人吧。

現在這個時代，不管在哪個職場，新進員工也有可能在五年後升為課長。因此，我認為就算是社長，也應該用「先生」來稱呼所有的新人。

**其三：一味「忍耐」無法解決**

在職場上，最起碼的忍耐相當重要，但即便如此，還是會遇到不少「個性不合的人」。我在指導的過程中，聽到非常多和上司合不來，或與部下之間人際關係不佳這類煩惱。

因此，這方面必須先想清楚再行動。年輕的精英分子很有可能因為跳槽或升職，沒幾年就遇不到了。忍耐到對方從職場消失為止，這樣的態度也很重要。

在這段期間認真地觀察，**吸收對方值得學習的地方，最好採取這樣的態度。在忍耐的同時奉承對方幾句，也是一個重要的技巧。**

縱使一開始給對方「煩人傢伙」的印象，日後也有可能相處融洽，就算個性合不來也要想清楚該怎麼做，我認為這是生意上必備的處世之道。

今後的職場上將會有愈來愈多的年輕上司、外國人、年長部下、LGBT、有殘疾的人。在不知道有什麼背景的人會成為上司或部下的時代，我們必須在多元化和包容性之間發揮能力。

日本傳統的商業既定觀念有時會成為構築人際關係的一大阻礙。如何早一步意識到這一點，並消除這樣的觀念，可說是工作術基礎中的基礎，甚至比勉強自己努力還要重要得多。

第3章

# 06

## 碰上毫無幹勁的年長部屬，該如何應對？

——關鍵在於對年長的人抱持敬意

我從事了十年以上的指導工作。對象以管理幹部為主，有時甚至包括上市公司的社長。在指導的過程中，沒有幹勁的年長部下是我很常聽到的主題。

實際上，即便是聚集各路超級精英的公司，頂多五個部下中也只有一個能充滿幹勁地把工作做好；反之，真正沒有幹勁、怎麼看都做不好工作的部下，大概五個人中就有一個。

倘若沒有幹勁的部下是年長者的話，就需要採取有別於年輕人的應對方法。

下面將介紹這個應對方法。

## 其一：「不給對方帶來不安因素」有助於解決問題

沒有幹勁的年長部下幾乎都是「以前幹勁十足，現在卻沒有幹勁」的人。原本非常認真，經常無償加班的人，大部分都已經心灰意冷，並不是因為想偷懶才變得懶散。事實上，他們失去幹勁的原因大多是由於「不安」。

生活的焦慮、父母的照顧、孩子的未來、自己的退休，由於受到這些不安因素壓垮，導致有些人因此失去動力。

這樣一來，就無法全心投入工作，從而失去幹勁——大體來說，這就是問題的本質。身為上司，**首先最重要的是別再給對方帶來比現在更多的不安因素**。

在這樣的情況下，如何帶給對方安心感，是上司和公司的重要任務。如果不能做好這一點，無論採取什麼樣的對策都沒有效果。

## 其二：利用「數字」傳達現實

對於沒有幹勁的年長部下，有必要冷靜地告訴他們「照這樣下去不太好」，這時可以使用記錄實績的「數字」。數字的力量十分強大，可以從客觀的角度傳達年長部下低下的工作效率，與其分享「就現實情況來看，不免擔心這樣下去會成為公司未來的負擔」這個難受的事實。

此時最重要的是，不能提及現在的業績下滑這件事，而是將對方過去的貢獻放大，給予正面評價及尊重。**在這樣的前提下，明確地讓對方知道，「業績」和「人格及那個人本身的價值」是兩碼子事。**「我很肯定你過去的業績，也知道你是深受部下愛戴的優秀上司」，是否傳達出這樣的尊重，會出現截然不同的成果。

**其三：發揮資深前輩才能起到的功能**

年長的部下沒有幹勁，無法拿出工作成果，但從經驗來看，他們往往具備解決綜合問題的能力。**遇到複雜難解的問題時，只要找他商量，就會提供我們意**

**外解決的提示**，所以也能發揮指導後輩員工的功能，作為年輕人的心靈導師。若能教他們電腦，或請他們擔任指導工作的話，說不定就會立刻成為在背後支持公司的有用棟梁人才。

只是，失去幹勁的時候無法靠自己的力量去學習，所以由上級協助推動和資金援助也很重要。

第 3 章

# 07

## 常把「報連相」掛嘴邊的囉嗦上司應對法

——如何與凡事都要仔細交待清楚的上司相處

有些上司對報告、連絡、相談，也就是所謂的「報連相」非常要求。

根據我的經驗，這樣的人多半工作效率不高，能力很差。因為對自己沒有自信，無法掌控狀況，才會不厭其煩地要求部下「報連相」吧。這樣的話就會變成部下眼中的「囉嗦」上司，結果導致部下愈來愈疏遠，於是又要求「報連相」，繼而形成惡性循環。

話雖如此，在公司組織中，部下的職責是成為上司的助力。不受到這類上司的步調所影響，反而能夠控制上司，這樣也有助於輕鬆做出成果。

為此，**在上司提出要求之前，主動做好「報連相」很重要**。以我的經驗來說，不厭其煩地要求才正合我意。因為只要不斷累積下去，就會自然而然地和上司建立起信賴關係。

同樣地，表達方式也很重要。光是列出情報，並無法獲得上司的理解。上司一開始就想知道「到底是怎麼回事」，所以**直接從結論開始說起吧**。

另外，如果同時有好事和壞事的話，先說出「壞事」比較能營造出讓上司安心的談話流程；讓我們將這件事也化為自我規則吧。

除此之外，報告時絕不能表現出情緒反應。要是情緒比情報本身更直接地傳達給上司，那麼在意「報連相」的上司就只會在意這個部分。

複雜的案件首先要以邏輯優先的「文件」來傳達，這點非常重要，也別忘記要站在上司的立場來思考。有人或許會認為，為什麼得由部下主動關心呢？但有沒有這個習慣可是直接關係到你的評價。

第3章

# 08

# 簡單打招呼，就能淨化職場的氣氛

## ——打招呼具備強大的力量

「工作進展順利的職場」彌漫著「良好的氛圍」。

這樣的氛圍會令人不由自主產生奇怪的緊張感，對輕率的發言有所顧忌，就連普通的對話也讓人覺得彆扭。為什麼會存在這樣的職場呢？很大原因就在於沒有好好地「打招呼」。

人類其實是比想像中還要單純的生物，如果每天聽到的第一句話是「早安」的話，就會產生一股安心感。

不少公司把早上「所有人一定要打招呼」作為標語，並化為習慣。光是這麼做，職場氛圍就會發生巨大變化，這是不爭的事實。若從成本和報酬的角度來思考，其效果應該非常顯著。

很努力卻沒有成果，假如你是這樣的人，**不妨試著提高打招呼的音調，試著臉上掛著笑容，試著稍微大聲一點，試著挺起胸膛**；只要從這些小地方開始做起，就會意外地做出工作成果。

第3章

# 09

# 能做出成果的人，不會忽略閒聊

——從習慣中培養「閒聊能力」

大家平時是否會進行一些有助於提高工作效率的閒聊呢？在工作的時候，大多數的人都不會藉機彼此問候或閒聊，而是認為「別只顧著聊天，趕快進入正題」或者「不要聊天了，辦正事要緊……」。

在我擔任營業部長的時候，有些人每次談大生意時聽到閒話家常，就會明顯變得特別煩躁。他們的臉上完全流露出想盡快談完生意，賣個好價錢的表情。這種類型的業務員雖然非常認真，卻無法做出成果。在我認識的人當中，工作能力很強、擁有傲人銷售成績的人，幾乎都不是討厭和不擅長閒聊的人。

討厭閒聊的人，我認為多半是對自己沒有自信，包括失敗在內的經驗也不多的人。你所認識的業務員中，是否有那種業績不好，忙得不可開交，不閒話家常幾句就想直接進入正題的人？

**出社會後如果不懂得閒聊幾句，就會被人評價為工作能力很差**。為了解決這些問題，我在下面列舉幾個提升閒聊能力的方法。

### 其一：開拓收集話題梗的瀏覽路徑

如果找不到梗，就難以開始閒聊。現在只要你有心，隨處都能取得各種話題梗。現在，最實用的就是新聞的「焦點網站」。以吸引眼球的標題，簡潔概括重要的新聞，方便我們閱讀自己有興趣的內容。也可以在YouTube上觀賞適合自己口味的新聞焦點影片。

如果只從這些地方收集資訊，閒聊時就無法聊得比較深入，所以最好也要注意日經數位、時事通信社這類比較有條理的新聞。像我每天都會收看NHK BS的全球新聞，可以在這個節目中看到附帶翻譯的全球各地新聞節目。

有關自己專業領域的新聞，不妨預先註冊搜尋關鍵字。像我就是設定每天自動通知與我的專業領域相關的新聞。大家可以像這樣建立起自己的「收集新聞機制」。

手機的新聞應用程式就是很有效的工具之一。在「Google News」和「SmartNews」等主流的手機應用程式上，可以閱讀容易引起共鳴的一般新聞。如果也加入「MT2」這類從各個網站收集重點情報的「網站匯整檢視器」的話，就能擴大話題的範圍。建議利用早餐時段或通勤時間瀏覽這類網站，尋找當日的聊天話題，最好養成這樣的習慣。

**其二：擁有擅長領域**

在討論健康等常見的話題時，如果聊到「這個話題非我不可」的擅長領域的話，就能讓話題延續下去。只要讓對方瞭解這一點，就能輕鬆地和對方聊起這方面的話題，你的人設也會被理解為良好的形象。

只是必須注意不能「單方面聊著自己喜歡的事」。有很多人一提到自己喜歡的球隊就說個不停，這是浪費時間、降低對方信賴度的負面教材。

### 其三：事先設定好結束話題的模式

聊天的起頭和氛圍固然重要，但**「結束話題的時機」卻比這些更來得重要**。不考慮時機，突然結束話題是很糟糕的一件事。因為對方提出的話題而聊得很起勁，反而會帶給對方不好的印象。

行程排得密密麻麻，必須結束閒聊及談生意的時候，就輕拍一下大腿，告訴對方說：「哎呀，聊得真開心，可惜我待會兒還有另一個約會……。」或者看一眼手錶，接著說：「這個話題真令人感興趣，只可惜我○點還得開會……。」通過這些說詞，藉由提醒彼此時間來達到脫身的目的。

第3章

# 10 七種溝通技巧，不讓無心之言變成導火線

——即將抓狂時，不妨想想「七種溝通技巧」吧」

我在研討會、講座指導、上課時也常提到這七種溝通技巧。雖說是技巧，但只要腦中記住這幾個觀念，所有人都能做到。和別人說話時，如果無法把自己的想法順暢表達而即將抓狂或焦慮起來時，千萬別忘了這七種溝通技巧。

## ・不可感情用事

因為一時感情用事而大動肝火，那麼即使有什麼話想說，也只會給對方留下「挨罵」的印象。不僅無法傳達自己想說的事，還只會留下不好的印象。首先要冷靜下來，然後冷靜到最後。

## ●說明理由

先表現出熱情的人，在訓斥或提醒對方注意之後，往往會認為「我之所以提醒對方是有原因的，剩下的事應該由對方自己思考」；然而，這麼想可是大錯特錯，因為對方幾乎都會覺得自己「被當成壓力的宣洩口」、「和那個人合不來」。為了避免發生這種情況，最好仔細地向對方說明為何說這種話的「理由」，最好至少想出三個理由。

## ●簡短地把話說完

有些人一旦罵起人來，就無法控制嘴巴。這樣的人會不停地重複同樣的內容，說著說著就想起「這麼說來也發生過這樣的事情」，開始抱怨起與原本無關的事情。

罵人的人或許能得到滿足感，但被罵的人只會覺得對方蠻不講理。傳達完想說的事後，就立刻停止吧。為了避免陷入拖泥帶水的狀態，不妨自己先主動劃分時間，向對方提出要求：「能給我五分鐘的時間嗎？」

## ●別做人身攻擊（性格、個性、外表）

既然要傳達想說的事，就應該只集中在應該傳達的事情上。若話中摻雜不相干的事，就會變成誹謗中傷。「所以說三流大學畢業的人……」這種說法自不用說，就算說「一流大學畢業的傢伙不懂得現場臨機應變」也不行，尤其現在一句不經大腦的話，也極有可能演變成騷擾，所以請大家千萬要注意。

## ●別與他人比較

任誰都不喜歡和別人互相比較，因為比較的地方說不定暗藏著意想不到的巨大自卑感。一旦這個自卑感受到刺激，對方或許就再也不會相信你了。「隔壁營業部的○○先生是和你同期進公司的吧？看看人家那麼努力，你也應該好好學習一下」，像這樣的話絕對不應該掛在嘴邊。

## ●別懷恨在心

上司責罵部下的時候，有些人會將責任推卸給對方。對於曾經責罵過的事情，如果之後又一直唸著「當初說的話都沒做到」，這樣會讓部下心想「怎麼又在提那件事」，從而產生強烈的反彈。

若之前已經提醒過一次的話，事情就到此為止。即使再次遭遇相同的失敗，也要當成另一件事來理解。

## ●單獨傳達

當眾批評不僅會嚴重傷害對方的自尊心，也會大大損害自己的信賴感，完全沒有任何好處。

若心中有什麼想跟對方說的話，就在沒有其他人的地方單獨傳達吧。

透過一對一傳達的方式，冷靜地告訴對方自己想說的內容，即使是逆耳忠言，想必也能提升對方對你的信賴度。

第 4 章

# 輕輕鬆鬆就能做出成果的「遠端辦公」

第4章

# 01 掌握三個原則，順利完成網路會議

——正因為還不成熟，才有許多需要注意的地方

自新冠疫情爆發以來，「網路會議」開始迅速普及。最近就連職場上聊天的內容都離不開網路會議、遠端工作、工作假期等話題。

然而，遠端和線上工作的真正普及並沒有經過漫長的歲月考驗，有好幾個陷阱會讓採取錯誤努力方式的人陷入困境。為了避免失敗，這裡會告訴大家網路會議的三個檢查重點。

**其一：別強調「席次」**

開網路會議時，把「左上」設為「上座」，等所有人到齊後，再要求大家重新進入，將層級最高的上司安排在「上座」，像這樣的小故事在網路上引起熱議。其他還有明明參加會議的人都是同一批，卻特意讓部長、課長等職位和姓名一起顯示在網路上等。

在一個組織裡待的時間愈久，對工作愈熱心的人，愈難以意識到自己被這類職場規則所束縛。重要的是討論的內容，但組織中仍有一定數量的人非常拘泥於這類形式或門面。

在實際的網路會議中，視對方的電腦作業環境，有時發言會從左上往下依序進行，甚至左上角根本就不顯示，有些還具備改變顯示位置的功能。

**總之會議要簡單進行**，這點在歐美甚至被視為戰略。

**其二：比起面對面的會議，更需要意識「回合制」**

在網路會議上，由於所有人的注意力幾乎都是集中在一個人的發言上，因此更必須理解「現在是誰在發言」、「是否自己應該發言的時機」、「下一個輪到誰發言」等順序。

無論在哪個職場都會有強勢或領導型的人，就像實際面對面的會議一樣，開網路會議也總是有一個人會滔滔不絕地說話，出現只有一個人的臉被放大特寫的難看畫面，但當事人並不會注意到這件事。

現在的網路會議也有錄影功能，說話的人可以試著重播參加過的會議錄像。我也曾因得意忘形而不小心說了太多話，在重新檢視那段錄像的時候，才發現自己話太多而覺得難為情。

**認真聆聽發言，逐一確認「輪到誰發言」，這比面對面開會更來得重要**。尤其打斷對方發言這類行為最要不得。讓對方好好地把話說完，確認換下一個人說話的空檔再開口。

**其三：有意識地「讓新人或保持低調的人都有機會發言」**

如果是發言者平時都能在會議上公平發言的環境倒還好，但網路會議似乎大部分都不是這樣進行。

為了改善這種狀況，互相「輪流發言」是很重要的一件事。

那麼該怎麼做才好呢？其中一種做法是，**在自己發言結束之後，最好接著「將話題拋給某人」**。假如你是資深員工的話，點名新人發表意見是非常不錯的做法。此外，對於一定會參加會議，但發言比較保守的人，也可以若無其事地點名，使其對會議產生參與感，這一點很重要。

有件事必須特別注意，那就是無論參加哪種講座或會議，人數愈多，發言的機會就愈少，所以會議人數最好控制得愈少愈好。然而，實際上有不少人數在數十人以上的會議。

在這些會議中，不妨活用分組討論等功能，將所有人分為幾個小組，就能創造出更多的對話。

第 4 章

# 02 線上洽談，也能以三倍效率達成目標

——只要小心陷阱，就算用網路談生意也能做出成果

如果沒有充分地弄清楚線上洽談生意的優缺點，就無法取得成果。這裡會帶大家認識網路意想不到的陷阱，介紹提高三倍效率的方法。

**其一：不能只靠網路完成所有事情**

與面對面談生意相比，「周邊和事前準備」對於線上洽談生意來說更為重要。

①在準備階段的電子郵件往來中，將談生意的重點歸納為三點，用具有說服力的數字加以佐證。

②事先讓對方知道討論的目標和彼此都能接受的條件。

③線上洽談生意結束後，也要發電子郵件再確認一次。

每次都持續這三個步驟，以此做為自我規則。

**可以想像成線上洽談生意的時間大概占整體交涉過程的三分之一**，事前準備和事後追蹤都分別占三分之一。只要注意分配時間的比例，線上洽談生意的內容就會更豐富，成果更為豐碩。這樣一來，一系列的交涉都能順利完成，時間效率也能提升兩倍甚至於三倍。

## 其二：話別說得太多

「話別說得太多」是我一直想強調的重點。

喜歡自顧自地聊自己的事的人，一旦變成網路交談，這種傾向會更加明顯。在別人排隊等著發言的時候聊起自己的事，那麼自己在畫面上就會出現特寫，大概這樣能讓他的心情跟著變好吧。有如人氣YouTuber一般，自己滔滔不絕地連續講了十幾分鐘與談生意無關的事，我真的遇過這類讓人哭笑不得的情況。

與直接面對面時相比，利用網路溝通時，對方的困惑、猶豫等細微的情感細節很難傳遞出去，很容易變成一場個人秀。

說到底，商務場合本就不應該談論與生意沒有直接關係的私人話題。像這樣說了多餘的話，反而會不小心暴露出自己不懂得管理時間的弱點。不如思考如何讓對方開口，讓自己謹言慎行。

**其三：時間管理不能出錯**

面對面談生意時，不僅能隨時察言觀色，也能看出事情的輕重緩急和雙方都能妥協的地方。網路會議無法看出與會人員的反應，導致時間往往不夠用。

若要避免發生這種情況，**在開始線上洽談生意時，先確認好談生意的步驟和目標非常重要**。最好一開始就用事前準備好的Word或PowerPoint進行畫面分享，接著把這些重點和預計所需時間，以五分鐘為單位記錄下來。

例如：①介紹新產品X（十分鐘）；②與競爭產品的差異（五分鐘）；③進貨價格介紹（五分鐘）……※預定於○點○分結束，類似這樣的內容。

如果一開始就用分享畫面的方式展示出來的話，就能有效率地在不偏離重點的情況下，於結束時間內完成。若會議中間出現時間緊迫的情況，不妨以「不好意思，因為時間不夠的緣故，恕我在這裡略過宣傳影片」等說法來進行時間管理。

在網路進行簡報的時候，可以利用PowerPoint顯示時間的功能。使用碼錶或手機的計時軟體也對時間管理很有幫助。

我有過很多在網路上談生意和開會的經驗，實際上主辦方和對方多半都不會針對這方面下功夫。過程沒有拿捏時間，大家都想當場一次搞定，所以談生意時大部分都會超出預定時間。希望大家一定要注意網路上的時間管理，養成按照時間進行的習慣。

第4章

# 03 電子郵件結合通訊軟體，建立團隊默契

——適當地分開使用電子郵件和聊天軟體

在十多年前，工作上只會用到電子郵件和電話。

社群軟體的聊天功能雖然已經普及很長一段時間，但似乎近幾年才開始積極運用在商業活動上。正因如此，能否分開使用電子郵件和聊天軟體，或者在緊急情況下通過電話聯繫，我認為這將成為遠端工作時代與他人拉開巨大差距的關鍵。

## ● 首先從電子郵件開始

面對初次合作的工作對象，或者全新的專案，立刻使用聊天軟體並非好的選

擇。為什麼我會這麼說呢？因為**電子郵件能夠遵守「形式」，帶給初次交易的人安心感，比較不容易做出失禮的舉動**。

另外，電子郵件的「歷史紀錄」比聊天更容易保存下來。假如需要確認的事項比較多，或是專案處於需要頻繁確認「有沒有說過」的初期階段，最好以電子郵件為主，之後再慢慢地過渡到功能便利的專用聊天工具，這樣的溝通程序較能夠減少失誤。

最近的新人常用ＬＩＮＥ等社交軟體來取代電子郵件，所以往往連用電子郵件最基本的禮儀都不曉得。身為上司和前輩的人，必須教這些新人交流往來的禮儀。

只是，如今似乎就連ＬＩＮＥ也開始出現年輕人流失的現象，看來不用五年，社交工具就會逐漸產生變化。不必拘泥於電子郵件的時代即將到來，或許不拘泥於維持現狀的彈性將成為重要的關鍵。

## ● 高度專業、講求速度的案件要毫不猶豫地使用聊天軟體

與需要遵從某種程度的問候、敬語和形式的電子郵件相比，聊天軟體傳送起來更容易，也能使用各種貼圖或圖示作出回應。這麼做的好處在於，雙方的回應速度會明顯地變快。

近年來，隨著各種商務聊天應用程式的開發和普及，人們可以根據自己的目的使用最適合的聊天軟體。我和大學研討會的學生聯繫的時候，也經常受惠於這些聊天軟體。

在參與大型專案時，使用聊天工具與其他公司合作，活用來賓帳號熱烈進行討論，已成為必備的常識。

一直以來，聊天軟體總給人一種只在公司內部使用的感覺。不過，專用聊天工具想必今後將會用於複雜的話題或專業的內容上。**最初自然地使用電子郵件，後面用聊天工具處理專業的內容**，我認為不妨按照這樣的流程來進行。

我們也不能忘記打電話的禮儀和優點。需要比聊天軟體更快得到回覆，或者希望透過私下接觸來表達感謝之意的時候，打電話仍是最有效的手段。

無論時代如何變化，職場中也盡量別出現只有電子郵件、聊天軟體等網路或數位工具可供選擇的情況。

第 4 章

# 04

# 居家工作者注意，當心遠端的三大陷阱

——前所未有的工作方式引發新的問題

以數位工具為主體，全新普及的商業形態，讓人們減少通勤時間，將工作與生活的平衡化為可能，可以說是往好的方向變化。

我所參加的讀書會中，導入工作假期儼然成為一大話題。但是，無論社會或職場，我認為要適應遠端工作仍需要一段時間。雖然數位科技帶來的便利性很吸引人，但其中也有一些「陷阱」。為了避免深陷其中，這裡會告訴大家一些需要注意的事項。

## 其一：別過於相信自己的心理&身體素質

我們必須特別注意維持心理健康，以免落入遠端工作的陷阱之中。

下面介紹休息時聽音樂放鬆的方法，以及午餐時間重置心情來防止提不起勁的方法等具體預防措施。

人類的專注力因人而異。根據實證研究，據說約在三十分到四十五分之間。以我為例，我採取的是每五十分鐘休息十分鐘的策略。首先請準備好手機的「任務計時器」或「番茄計時器」等時間管理應用程式，或是碼錶。把碼錶設定為五十分鐘，接著開始工作。等到五十分鐘的時間一到，就用手機聆聽音樂。這時要選擇四分之四拍的音樂。

**這十分鐘的休息時間，前半段選擇音樂聆聽，同時配合音樂的節拍，讓呼吸同步**。腦中數著「一、二、三、四」的節拍，在第四拍時深吸一口氣，接下來的四拍同樣在腦中數著節拍，在第四拍時從嘴唇的縫隙中輕輕地吐出氣來。

需要注意的是，最初要選擇慢一點的音樂，假如跟不上節奏時，就在中間休息一下。習慣了以後，透過屏除雜念，腦袋放空，把注意力集中在鼻子和嘴巴發出的呼吸聲上，這就是應用的方式。大部分的音樂長度約在三到四分鐘，即使中途停止也無所謂。

在碼錶上將這段休息時間設定為十分鐘，音樂結束後，剩下的五分鐘可以發呆，也建議做一些簡單的伸展運動。

接下來，我想介紹三個在午餐時間重置心情的方法。

第一個是散步。往返於公園、神社、寺院等樹木綠意盎然的恬靜場所是很不錯的選擇。夏天減少外出，但我每天都習慣在午餐時間快走散步四十分鐘。

第二個是花十五到三十分鐘觀看自己喜歡的YouTube影片。大家不妨試著尋找自己感興趣的頻道，直播遊戲的頻道當然也可以。

第三個是讀書。我推薦用閱讀的方式來預防遠端工作的心理狀態不佳。

對我來說，讀書也是工作的一部分，包括專業書籍在內，我們都需要大量閱讀。只是，遠端工作需要長時間盯著電腦，所以不能小看眼睛疲勞的問題。

為了解決這個問題，我會使用Kindle的閱讀功能和專用的有聲書應用程式，把看書轉換成聽書的形式。它可以自由調整讀書的速度，所以比起實際讀書，這麼做能更有效率地進行速讀。用翻譯功能把轉換成日語的內容閱讀出來，就算是英文書也能很有效地掌握其內容。

**其二：弄清楚哪些設備需要，哪些不需要**

遠端工作的特色在於只要一台手機就能完成工作。

雖然確實能完成工作，但僅此而已。手機無法在顯示其他畫面的同時進行網路會議，也不能在搜尋資料的同時開會。**無論在公司或家裡，只要桌上有電腦螢幕，就能在開會的同時進行作業，使得工作的效率加倍。**

也有將手機作為輔助畫面和電腦連動的工具。像我出差的時候，就會把iPad等設備當成筆電的輔助畫面。

此外，只要把鍵盤、滑鼠換成實體設備，就能提升工作效率，減少疲勞度。

話雖如此，被評價吸引而買來一大堆的設備，這樣也有風險。最新的設備可能比較複雜，因此需要頻繁更新軟體，如果在正式會議時開始更新的話，很容易發生問題。

性能過剩的顯示卡，高性能的攝影鏡頭、麥克風、耳機等，如果想成為YouTuber的話另當別論，但這些對遠端工作來說完全不需要。

**其三：避免偷懶，也為了不讓別人覺得在偷懶**

只有少數公司擁有遠端工作的制度和支援體制。

在立基未穩的工作環境中，大部分的上司都會認為「遠端工作根本就是員工偷懶的好藉口」，部下也會思考「上司該不會以為我在偷懶吧」，很容易導致彼此都變得疑神疑鬼。

我常聽我認識的管理職朋友抱怨，在家遠端工作無法和部下建立良好的關係。但如果出現這樣的念頭，人們就會放棄遠端工作，回到過去那種死板生硬的工作制度。

既然如此，那麼就必須養成預防自己偷懶的習慣。關鍵在於與上司和同事分享自己的規則。

舉例來說，即使採取彈性工時或線上工作的方式，也要**按照自己的規則來執行；**例如**幾點開始，幾點結束，以此固定工作的時間，按照決定的步調提交成果等**。像這樣把自己的規則分享給上司和同事，那麼就算在網路也能建立起良好的關係。

第4章

# 05 最容易疏忽的線上會議禮儀，你都有做到嗎？

——這些重點能讓網路會議圓滿落幕

在網路進行溝通時，意識別人是如何看待自己是一件很重要的事。這裡會告訴大家在網路溝通時很有幫助的「小訣竅」。

## ● 盡量「打開」攝影鏡頭

沒有整理儀表、沒有整理房間、沒有化妝……，基於各式各樣的理由，而想關閉攝影鏡頭，我能理解大家的心情。

可以用語音溝通，關掉鏡頭又沒什麼影響，也許你是這麼想的，但**大部分的上司可不這麼認為**（但如果上司很堅持要你打開鏡頭的話，就等同於網路騷擾）。

在遠端工作的時候，人們往往會懷疑關掉鏡頭的人是不是在偷懶，這種根深蒂固的觀念甚為可悲。如果上司屬於掌控欲很強的類型，那麼在參加網路會議時，最好先打開鏡頭比較保險。

擔心自己房間背景雜亂的人，只要用虛擬背景就能立即解決這個問題。網路上有很多不需版權的精美圖片，若隨手找個圖片作為背景，就能緩解開始會議前的緊張感。

## ● 使用設備、工具時的注意事項

網路會議中會用到的「分享」、「舉手」、「投票」、「錄影」、「分組」等功能，每次都要利用很短的時間快速演練過一遍。在人數眾多的網路會議上，千萬不能一到就馬上正式開會，如果沒有先行演練過一遍的話，可以說有很大的機率都會發生問題，這樣一來，就無法在會議上好好地溝通。

使用設備的時候，必須事先確認是否能正常使用。我曾經遇過網路會議的主辦方安裝高解析度的攝影鏡頭，結果到了正式會議時，不知是否記憶體被完全占用的緣故，導致畫面完全靜止不動，當時的情況實在是相當尷尬。

## ● 正因為是在網路上，問候才顯得更為重要

即使在網路上，問候也很重要。

面向鏡頭，深深地一鞠躬，透過這類方式打招呼，讓對方感受到你的心意。與面對面時相比，在網路上打招呼的動作很難傳達，所以最好讓點頭、微笑等表情若干誇張一些。

我在課堂上讓學生們嘗試在網路就能做到的打招呼動作，譬如大大地揮手，把手稍微向前伸出鼓掌等，之後再重新檢視錄影畫面，讓大家得以理解在網路上做出誇張肢體動作的重要性。

這些問候和動作，只要稍微注意一下就能輕鬆掌握。如果是新人就更無需客氣，重要的是讓對方知道自己的存在。

訂閱人數穩步增加的YouTuber，也非常重視問候及順著對方說話。只要掌握這些禮儀，即使是新人，也能在網路會議上被點名，從而增加發言的機會，對於增加印象分數應該也有幫助。**比起面對面的溝通，思考別人在網路上如何看待自己更加重要**。

# 第 5 章

# 輕輕鬆鬆就能做出成果的「跳槽升遷術」

第 5 章

# 01 為什麼我能成功跳槽七次？職涯規劃首重心態建立

——跳槽就像登山

**在肯定「變化」這層意義上，我認為「跳槽」能帶來正面的挑戰和機會。**

我在三十幾歲時第一次跳槽，之後共換了七次工作，而我從未有過換錯工作的想法。

跳槽後剛進公司兩個月，上司就突然變成外國人，按照事先的約定，我原本應該是去海外工作，卻被任命為地區的分公司社長，這讓我有點措手不及，也發生許多意料之外的事。

每次換工作時，就得適應該企業的文化和慣例，花不少工夫與自己的價值觀磨合。然而，經歷過幾次跳槽之後，我開始能夠對所有的事表示肯定；不僅跳槽，人生的變化本身就是一件「好事」，甚至可以將其視為一種考驗，也可以說是一段不可思議的經歷。

**跳槽沒有成功與失敗之分，能否更上一層樓，都需要時間才能確立自己的核心價值觀。**

「跳槽就像登山」，我在指導課上對煩惱不知該不該跳槽的人如此說道。登山沒有成功與失敗之分。登山次數愈多，就不會再執著於成功登頂。我曾三次登上富士山頂峰，但因為各種理由而中途折返的次數卻有三倍之多。登山有時會因為發生意外而打亂計畫，也有可能意外受傷。即使遇到傾盆大雨，只要努力尋找，一定可以找到當時的樂趣和價值。無論是登山或跳槽，都會有令人興奮的變化和發現。如果一開始就抱持「本來就是這樣」的想法，那麼跳槽時就能獲得更多成功發展職涯的機會。

第 5 章

# 02

# 職能測驗，做再多也僅供參考

## ——只有自己才能真正分析自己

現在自己的職涯和職位在社會上有多少評價？跳槽的市場行情有多少？我想這些都是每個人關心的問題。

只要在網路稍微搜尋一下，就能找到不少可以進行這類分析評價測試的網站。最近只要根據可靠的心理分析和資料證據，就能在某種程度上獲得具有可信度的情報。

我也曾投入數千萬日圓建立這類網站，針對企業收費進行營運，學術上的內容也非常扎實。

不過，無論哪種自我分析測試都一樣，結果只能作為參考，不必因為結果好壞而影響到心情。

為什麼我會這麼說呢？**因為從測試結果中發現自我評價標準的人，最終還是自己**。沒有自我標準的人往往會沉迷於這類測試。儘管可以找到不少自我分析測試的工具，但到處分析測試反而會變得難以接受，有許多學生在找工作的時候都會像神經病一樣為此煩惱不已。

自己的市場價值會隨著行業和公司規模而改變，因此最好不要只是單純地進行比較。

不要拿和自己年齡相近的同事，或者視為競爭對手的同學的年薪和狀況做比較。一旦拿他人和自己比較，就永遠無法獲得滿足，否則你將永遠無法找到屬於自己的人生。

第 5 章

# 03

# 一味埋頭在單一行業，便無法走出職涯的迷宮

——別執著於眼前的職涯而迷失未來

很多人在初入社會的行業和職業中累積經驗，即使跳槽也會選擇同行的其他公司，不太可能選擇大幅偏離自己現在的位置。然而，一旦這麼做，就會被該行業和職業的常識所束縛，也難以擴展思考方式和價值觀。我建議別拘泥於現在的位置，跳槽時也可以試著挑戰完全不同的行業、職業和職位。

我一畢業就進入石油產業上班。後來跳槽到食品業，接著又跳槽到服裝業、資訊業。雖然之後我自己出來創業，從事的卻是顧問業。如今的我是大學講師和開發社會人士能力的講師，算是進入教育業工作。

一旦改變行業，一直以來的常識和習慣也會發生很大的變化，每次跳槽都會受到衝擊。換工作的次數愈多，經歷的差距就愈驚人。另一方面，這樣的衝擊持續不了三個月，你會漸漸地產生餘裕去享受這個變化。這樣的話，每次跳槽都能感受到自己的視野變得開闊、價值觀變得多元化。

舉例來說，每跳槽一次能夠拓展六十度的視野，跳槽三次就能擁有一百八十度的視野。**一旦習慣了狹小行業有限的見識和常識，那麼在環境劇烈變化的現代就會被困在迷宮當中**。

不要堅持「在該行業的某個職業累積經驗不斷成長」，為了因應這個價值觀多元化的時代，建議通過跳槽去挑戰不同行業和職業的世界。

最需要注意的是，每次跳槽要根據情況擴大工作與生活平衡的實現度。別執著於眼前的跳槽和職業規畫，要在工作和生活兩方面擁有更豐富的生活意識，如此才能讓人生獲得滿足。

第5章

# 04

# 給太認真又過於謹慎的你的建議

## ——揭露慎重的弱點

想立刻嘗試新的事物，只要離開現在的位置，應該可以得到完全不同的評價，自己只不過是大材小用……。

有不少人都是抱著這樣的想法在轉職網站上註冊，但這只是在現實中步步為營罷了，你不也正在對這樣的現實感嘆不已嗎？一直這樣下去，即便換了工作，也可能會抱持同樣的不滿。

我自己經歷過七次跳槽，可說是名副其實的「跳跳族」。可是我在指導的過程中，也會建議學生在跳槽時要根據自己的性格類型慎重一點比較好。

**當你對現在的職場和工作感到非常痛苦時，往往就是邁向大幅成長的第一步**，而這一點連本人也沒有注意到。

不少年輕人覺得現在從事的工作很平凡，感嘆「找不到工作的意義，沒有積極的興趣，想換工作」，故而過來徵求我的意見。

然而，當感到痛苦、企圖逃避的時候，視野往往會變得狹窄，無法冷靜地做出判斷。在這樣的情況下做出行動，可能又會在另一個地方遭遇同樣的障礙。這個時候，最好先別急著跳槽。「現在正是需要忍耐不可輕動的時候」，痛苦時不如像這樣轉個念頭，一步步地累積實績。

如果實在非常難受，也可以找教練、顧問或其他行業的朋友傾訴。從不同領域的觀看角度出發，往往能獲得意想不到的好點子，從而開闊視野。

這樣一來就不必再小心翼翼，也能在之後判斷跳槽的時機。也有人是在工作穩定下來的隔年投入新的職涯，我就見過不少這樣的例子，所以沒必要急著下決定。

第 5 章

# 05

## 退休後的工作能力，由三十幾歲的工作表現決定

——對你而言也許是很久以後的事，卻足以影響退休後半生

無論是從基層職員的第一線角度，或者是站在指導公司經營團隊的立場，目前為止我見過各式各樣的商務人士。我認為**最晚在進入三十歲之後，就應該認真考慮今後的職涯規畫**；我甚至敢一口斷定，後來有所成就的一流精英，回顧成就也大多都會這麼認同。

職涯發展應該趁早思考比較好，但在二十幾歲的時候，還有許多需要學習的東西，所以先別急著想這件事，把這時當成掌握基本知識的時期會比較順利（當然在現在這個時代，一發現機會就立即做決定也不是壞事）。

到了三十幾歲，就會在慾望和經驗之間取得平衡，得以注視著夢想，冷靜地做出判斷。**這時再制定職涯發展藍圖很重要**。

為什麼這麼說呢？因為到了四十歲之後，和周遭的人會出現明顯的差距，也能看見自己發展的極限，工作幹勁也會明顯下降。

根據智庫「PERSOL綜合研究所」二〇一七年的調查資料顯示，「想出人頭地」和「不想出人頭地」的人的比例在四二．五歲時出現黃金交叉。

在二、三十歲的時候，就應該先決定「今後要做的事」，並養成為了這個目標而努力的習慣。只要變成習慣，即使失去幹勁，也能自然而然地堅持下去。

退休後，即使二度就業，也很容易迷失自己應該朝向的目標和現在必須做的事情。到了這時，從三十幾歲開始思考對未來職涯的意識以及對人生的哲學，都能成為你退休後的支柱。

第5章

# 06 身為主管的你，務必時刻校正「領導力」

——別成為依賴職位權力的人

靠業績闖出一番事業的人，必須注意一件事。

那就是**別對領導能力產生誤解**。

一旦在職場上晉升出人頭地，周圍就會出現不少會揣度你內心想法的部下和客戶。沒有意識到這一點，也沒有鍛鍊自己的能力，一味地憑藉頭銜任意行使權力，像這樣成為令人遺憾的上司的例子不勝枚舉。以下四點建議能讓你在出人頭地之後，正確地發揮領導能力。

## 其一：別讓部下看見你忙碌的樣子

我每次擔任管理職，都會覺得除了責任增加之外，負擔也同時多了好幾倍。如果上司看起來很忙，部下就會變得敏感而有所顧慮。這麼一來，報告、連絡、相談就會減少，重要的負面報告也不會往上呈報。我自己也曾因為出差而經常不在公司，因而失去只要商量就能阻止離職的優秀部下。我認為身為上司要注意別表現出忙碌的樣子是很重要的一件事。

**其二：把部下的成長當成自己的功勞和生存意義**

部下不是競爭對手。在退休之前，自己培養的部下超越自己成為上司並不是恥辱，反而是件值得驕傲的事情。

能為部下的成長由衷感到高興才是真正的領導者。

**其三：別忘記對部下感謝和道歉**

不少上司都善於誇獎，但能自然表達謝意和道歉的上司卻出乎意料地少。

我過去也曾因為經常受到部下的幫助，或給部下添麻煩而深自反省，因此我將這件事作為自我規則並銘記於心。

## 其四：絕不對部下口出怨言

我第一次當上課長的時候，手下有大約十名的部下。過不到幾個月，當我瞭解這群部下的能力時，我對他們之間的能力差距大感詫異。不久後，我開始對沒有做出成果的部下表示嘆息及憤怒。那時幾杯黃湯下肚，我應該說了不少對部下的怨言和壞話。

在那之後，當我在管理職累積了多年經驗後，有好幾次發現即使部下都是能力數一數二的人，業績依然沒有起色。根據這些經驗，我開始認清部下的能力和經驗會彼此影響，產生加乘作用，因此只要整體的業績穩定，結果就算是不錯了。

雖然表面上能力差距很大，但是我可以真實感受到每個部下都有自己擅長的地方，心中也開始感謝起他們。有時部下會在沒有察覺到上司負面觀感的情況下依然給予支持。因此，身為上司只有表示感謝，絕對不應該說部下的壞話或發牢騷。

# 第 6 章

# 輕輕鬆鬆就能充滿活力的「4R減壓術」

第6章

# 01 第一個R：輕鬆實現正念的放鬆法

——小小的放鬆會帶來極大的效果

工作時的健康比什麼都來得重要。為了保持健康，最重要的是平時堅持維持身體狀況的行動。

我針對生活在充滿壓力的社會中的人，提出「四個R」的自我調節方法。多虧大家支持，這四個R在演講和媒體上也廣受好評。本書還會結合壓力恢復力的彈性，將最新的正念方法介紹給大家。

這四個R分別是取自「放鬆（Relaxation）」、「娛樂（Recreation）」、「休息（Rest）」、「休養（Retreat）」的開頭字母。「放鬆」是通過腹式呼吸等方式讓自律神經獲得休息，「娛樂」是通過遊玩享樂時大笑來活化身心，「休息」是讓身體得到充分的休息，「休養」是指參與有別於平日的非日常活動來恢復身心。

這四種方法皆各不相同，重要的是別把這些混淆在一起。**在消除壓力的同時，抗壓性也會跟著提高，這樣應該能維持精神上的健康**。

## ●四R之首——Relaxation（放鬆）

在進行放鬆的過程中，應該優先注意讓自律神經得到充分的休息。

自律神經的主要作用是平衡掌管緊張的交感神經和掌管放鬆的副交感神經。自律神經一旦失去平衡，就會出現頭痛、失眠、焦慮等症狀。

在「4個R」中，放鬆應該是最適合優先用來平衡自律神經的方法。

**腹式呼吸、冥想、芳香療法**據說是很有效的放鬆方法。

瑜伽是一種能正確學習腹式呼吸的方法，在家中就能立刻動手做，而且非常有效。現在可以在YouTube上看到許多瑜伽影片，一開始參考這些影片也不錯。

冥想與呼吸同時進行很有效。說到冥想，可能會給人一種像禪的世界一般艱澀難懂的詭異印象，但只要嘗試一下，我想應該會感覺難度其實不高。工作到一半，閉上眼睛用一分鐘調整呼吸，這樣的程度應該也能感覺到效果。

芳香療法是非常深奧的世界，但如果只是日常生活中的放鬆，那麼就不必考慮得那麼認真。像精油和蠟燭這類小道具很容易取得，如果在日常的呼吸、冥想、洗澡、睡覺的時候輕鬆搭配的話，效果就會倍增。

第6章

# 02

## 第二個R：音樂和旅行是最棒的娛樂

——重新認識音樂的力量

所謂的「Recreation」包含娛樂、消遣、再造的意思，也就是一邊玩樂、一邊享受。雖然玩樂的種類五花八門，但是如果考慮到「Recreation」的話，並不是任何娛樂活動都能一體適用。**在娛樂活動中挑戰「全新的經驗」，並且能夠從中「體驗進步」是非常重要的一點。**

不光是娛樂而已，面對所有的事情都一樣，可以說「保持好奇心」這一點相當重要。

最近，我和學生及指導的年輕世代相處時，發現他們普遍缺乏「什麼都想嘗試看看」的意識，愈來愈不願挑戰新的事物。

在鍛鍊人的能力方面，想去陌生的地方看看，想體驗當地的文化，想和外國人談戀愛，遵循這些單純的衝動，只憑藉初心蒙著頭向前猛衝，保持這樣的心態是很重要的一件事。

在職場上，只要能有效率地處理好眼前的事情，就能獲得「腦袋靈活、工作效率高」的評價。然而，光憑這些並無法在工作現場掌握真正必要的洞察力和判斷力。**娛樂和工作都能兼顧的人，不是靠與生俱來的能力，而是通過加乘作用提高來自兩邊的正面影響**。

「樂器演奏」是很有效的娛樂法，我強烈推薦。樂器演奏能輕易感受到練習的成果，對於提高自我肯定感很有幫助。

此外，「旅行」也是不錯的選擇。制定旅行計畫時，思考預算和目的地，有助於培養企畫能力和工作能力。

無論是從職場或私生活之中，我們都能夠從集訓或是培訓計畫中學習到不少東西。因此，若是各位讀者中有立志成為領導者的人，請務必要制定像這類的計畫，並且付諸實踐。

第 6 章

# 03

## 第三個R：藉發呆來清空身心的休息法

——「發呆」並不是「偷懶」

如果別人說「你在發呆」，你大概會認為這是一句負面的話。

可是「發呆」很重要。因為人類的大腦會在發呆的過程中進行整理。

無論知識或經驗，都不能一股腦兒地塞進腦袋裡頭。獲取經驗後，最重要的是整理並吸收到自己的腦袋中，但在輸入的過程中並無法進行這些作業。

如果沒有「發呆」，吸收的知識和經驗就無法成為你的東西，這就是大腦的機制。

通過「發呆」來整理頭腦，讓身心獲得休息，這就是「Rest法」。

那麼，什麼時候發呆才好呢？

其實無論何時都可以發呆。

泡澡、散步、聽音樂、工作稍微放鬆一下，這些時候都可以發呆。

發呆與正念療法息息相關，就連Google公司也注意到這一點，有許多書籍都介紹過這件事。

生產效率不佳的企業中，有些經營者會每隔半小時監視一次員工的工作態度，將管理發揮到淋漓盡致。

**一流的工作能力都是從與死板無關的世界中培養出來的。**

除了「發呆」之外，也不要忘記閒談、聊天、餘興等對職場的重要性。

## ● 有效打開「發呆」開關的方法

我打開發呆開關的方法如下。

夏威夷有個著名的「荷歐波諾波諾咒語」。執行這個咒語的方法是只要專心地默念「我愛你」、「對不起」、「請原諒我」、「謝謝」這四句話就可以了。

這個方法相當簡單，所以當感到疲憊或想要放鬆的時候，就默念這個咒語，想像自己心中的鬱悶從身體中流出。只要加以實踐的話，就會產生非常平靜的效果。

當然，未必非得用這幾句話，也可以使用自己喜歡的詞語。

**通過詞語創造發呆開關，就能順利地把精神切換至「發呆」的狀態。**

這是基於語言的冥想正念的一種，被稱為意象冥想。荷歐波諾波諾或許沒有什麼學術依據，但史丹佛大學等學術單位卻很盛行正念療法的研究。

我強烈建議大家找到一種適合自己的冥想方法來進行自我治療。

第 6 章

# 04

# 第四個R：透過小旅行充電的休養法

## ——日本是山林的國度，因此森林浴備受推崇

四個R的最後是「Retreat（休養）」。

所謂休養，就是換到一個脫離日常生活的地方，悠閒地靜養及保養。旅行、度假療養、溫泉治療、森林浴，這些可以說是代表性的休養方式。

其中，我特別推薦「森林浴」。為什麼我會這麼說呢？那是**因為在森林中讓五感受到刺激是非常有效的休養方式**。

近年來，愈來愈多的日本企業會透過森林漫步、植樹造林、間伐體驗等活動，來強化員工的壓力管理和恢復心理健康，也會在森林度假村進行培訓，以

改善組織的溝通。

如果可以的話，最好能趁週末多請幾天假，前往離家一百公里以外的陌生地方玩個幾天。要是不方便的話，去公園、神社、寺院等附近的景點也可以。

我曾在東京都內找過很多地方，就我的印象中，石神井公園最適合用來度過一個小時的迷你休養。我想外地應該有無數的迷你休養場所。

勉強自己做森林浴，也不會使休養的效果提升，倒不如把散步順便當成森林浴，如此亦不失為可行的方法。

第6章

# 05

# 還有第五個R

——為了提升心理恢復速度

前面章節談完四個R之後，下面再介紹一下現在備受矚目的第五個R，也就是「Resilience（復原力）」。

最近「Resilience」在演講中的反應最熱烈，也較多人提問。

能自然做出成果的人，都具備共通的能力。那就是擁有不屈的內心，以及強韌的精神。

自古以來，人們知道保持穩定的心理狀態很重要。只是，生活在壓力大的現代，除了維持心理穩定之外，擁有恢復力也很重要，這件事在心理學上也引起重視。這種維持心理和受到創傷時的恢復力，合稱「心理復原力」。「復原力」並非與生俱來的能力。這是百分之百可以從後天獲得的技能，甚至能夠循序漸進地提升。不過，中年以後才掌握這個技能會有點困難，所以最好應該趁年輕的時候充分掌握。

那麼，究竟怎麼樣才能掌握「復原力」呢？

一種做法是必須經歷各式各樣的失敗。換言之，**要經歷正面意義上的修羅場和挫折，並且將其克服**。

不過，最近的職場上有很多人會因為一點小小的過錯或失敗就鬧得雞犬不寧。無論好壞，都奉「安全」至上為金科玉律，讓自己成長的過程中不容易出現「失敗」。因此，即使再小的失敗，也會誇大為挫折，從此一蹶不振，像這樣的人愈來愈多。也就是說，這類人很難獲得復原力。

為了不輸給周圍的氛圍，首先「別害怕自己犯錯」是很重要的一件事。

遭遇失敗是人之常情。**倘若遇到失敗，就分析失敗的原因，到了下一次再加以活用；抱持這樣的心態，是一切的基礎**。「後悔也於事無補，就當作是一次不錯的體驗和學習」，我們可以用這樣的方式來理解。

如果你是負責領導的人，千萬別責怪部下的失敗，當遇到失敗的時候，就對部下說：「沒辦法，讓我們研究下一步吧。」

平時就要知道並理解自己的優缺點。只要能掌握哪些事做得到，哪些做不到，就能有自信地面對做得到的事，慎重地面對做不到的事；即使進展不順利，也會認為「因為本來就不擅長」，有助於以好的方式轉換心情。

第 7 章

# 輕輕鬆鬆找回生活熱忱的「差不多金句」

第7章

# 01 只要建立一套模式就可以

——習慣讓工作更輕鬆

每天都想著必須做些什麼特別的事，必須學習新的事物，這樣的話就會被「今天什麼都沒做」的想法所束縛，導致焦慮感愈來愈強烈。

為了避免發生這種情況，重要的是把「自己一天該做的事」作為規定事項列在清單上，養成每天去做的習慣。

具體來說，就是**將「為了達成自己的目標，每天都要做的事」列成清單，並在每天的固定時間進行評價**，養成這樣的習慣。習慣會自然而然地造就出「能幹的人」。

## ●具體的「最佳制度的制定方式」

如何實現自己的目標？為了達到這個目標，有很多該做的事，當然這些事因人而異。

應該做的事大致可以分為三種。也就是困難但「重要的事」，算不上重要但「應該盡快處理的事」，以及容易忘記的「應該捨棄、忘記的事」這三種。

把這三種應該做的事分別列出三個以上，按照優先順序列出清單，也就是總共要寫出九個以上。每天下班前、回家後、通勤途中都可以，設定五分鐘鬧鐘，進行自我評價。這個清單也可以每天自己更換。

這五分鐘很重要，如果能成為習慣的話就更好了。就算無法做到，那麼也可以在檢查完之後大聲唸三遍「什麼都沒做到！但這樣也沒關係」、「想到什麼做就對了」。把這當成習慣來培養，養成思考和評價這個列表的過程和習慣，比每天的成果和結果更加重要。**這麼做意味著邁出「輕鬆感受到成長的制度」**

**的第一步。**

過了幾週後，就會發現自己不知不覺地從工作沒有結果的負面心態中獲得解放，同時也從「今天什麼都沒能做到」的無力感中解放出來，從而讓工作變得輕鬆。

我為了獲得這種解放感，花了兩個月的時間來實踐。我指導過對自我肯定感煩惱的人，這些人之中有人在短短幾週內就有深刻的感受。

只要把該做的事情一一列出來，製做成清單，如此就能輕鬆提升工作能力，同時又能創造出實績。

在「重要的事」、「應該盡快處理的事」、「應該捨棄、忘記的事」這三種應該做的事情中，決定「應該捨棄、忘記的事」讓我吃盡苦頭。

很多人都有已經養成習慣的「多餘的事」。譬如「沒必要卻留下來加班」、「在工作時逛社群網站或部落格」、「沒事做就喝兩三瓶能量飲料」等無關緊要的小事。即使是如此枝微末節的小事，也要將其寫出來，按照優先順序排列，可以說養成這樣的習慣很重要。

一旦弄清楚自己應該要做的事，就能明白自己必須做的事及其優先順序。只要按照優先順序採取行動，日常行動自然就不會出現無謂的浪費，工作也會變得比較輕鬆。

第7章

# 02 放慢腳步又何妨

## ——不操之過急才能培養出真正的實力

「速度」在工作中非常容易理解，也往往成為評價的重點，想必有不少人都以「專注力高、工作速度快」這件事為傲。我想也有不少人憧憬這種乾脆俐落處理工作的方式。

然而，這是採取錯誤努力方式的人會陷入的思考途徑。請大家試著從原本的目的來思考，為什麼工作要講求速度呢？以商業活動來說，一般都是為了「趕上交貨期」。

追求高速度的人，往往會將好不容易快速完成工作的時間用在其他工作上。

如果至少能滿足私生活和工作與生活的平衡倒還好，然而愈是追求高速度的人，就愈不會出現這樣的想法。如果工作提前結束，又把多出來的時間挪去做別的工作，結果反而不知道這麼快完成工作的理由是什麼。

我們必須意識到，根據對象和狀況的不同，事物都具有「適當的速度」。**大部分的情況下，你周圍的人都會認為與其一個勁兒地著急，不如遵守適當的速度比較好**。

因此不妨試著把速度放慢，有意識地「放慢腳步」吧。對於總是想全力以赴的你來說，這或許是需要勇氣的行動，但請務必抱著被騙的想法試試看。

## ●首先調整工作量

突然說要放慢腳步，大概會有種不知所措的感覺吧。保持適當速度的第一步，就是重新檢視現在身上的工作。

如果你是那種拚命三郎的類型，那麼你的身上是不是有一些不必自己承擔的工作呢？首先在清單上列出五個無需承擔的工作。**試著把其中的一兩個工作委託給別人，或著交涉交貨期，要不然就是下定決心中斷**。

我每天都會用手機上的記事本應用程式檢查沒有必要承擔的工作清單。

如果有每週一次的一對一會議，那就不妨和上司或部下討論一下這份清單，想必上司或部下一定會從中發現輕鬆做出成果的新方法。

第 7 章

# 03

# 完成一半就好

——有沒有搞錯「一半」的意思呢？

日本人往往把「以達到百分之百的目標努力」的態度視為美德。有不少企業經營者都說：「擁有遠大的願景，以朝百分之百實現的目標前進，這一點非常重要。」

然而，從某種意義上來說，努力確實地取得成果，再加上不錯的運氣，唯有處於這些特殊狀況的人才會這麼說。昭和到平成這段時期，就是這種狀況，大部分的人只要肯努力就能獲得回報。

然而，現在時代已經不同了。在時間和資源都有限的情況下，我們必須在龐大的資訊和科技系統的包圍下工作。在這樣的條件下，**以為「只要自己努力就有成果」而過於拚命，結果仍是徒勞無功，效率不佳**。

我在指導的過程中，看過非常多有這種情況的人，我都會告訴這些人：「只要做一半就好。」

任何人都知道，「弄清楚目標」、「朝目標全力邁進」是基本中的基本。雖然教練和上司用得意洋洋的表情說出這種話，言語固然很有迫力，但是對於結果並沒有太大幫助。我強烈認為這樣的領導能力和工作方式已經不符合現在的時代趨勢。

## ● 一半不是指數量

「一半」經常被無條件地認為是就「數量」而言，但這其實是一種片面的認識。請各位特別注意的是，這裡所說的「一半」完全是由你自己決定，而不是絕對的標準。

例如，試著在杯子裡倒半杯水。也許你會認為看起來有點少，但如果試著把杯裡的水倒進小一點的茶杯裡，印象搞不好就變成「怎麼有這麼多呢」。

**所謂的一半只是自我臆測，只要改變看法和設定，就有可能變得充足**，所以只要一半就好，我們應該在這個範圍內思考如何提升品質。

只完成眼前的工作，並且把時間徹底用完，自認「今天已經盡到百分百的努力了」而感到滿足，內容卻相當空洞，這種工作結果也太慘不忍睹了吧。「質與量合起來再加上評價的一半」，洞察思考其價值，才能冷靜地面對自己的工作不是嗎？

## ●在「一半」停下，也能盡早修正

過來委託我指導的多半都是既努力又優秀的人，這些人大多只是因為身心俱疲。每當他們聽到我說：「做一半也可以」，很多人都會回答：「不能那麼偷懶啦，起碼要做到七、八成？」但這其實就是通往陷阱的入口。

為什麼我會這麼說呢？因為一旦超過一半，「人類就無法控制自己的慾望」。腦中一旦出現「都做了八成，不如直接做完吧」這樣的想法，就無法冷靜地判斷自己的現狀。

爬山是我的興趣，但我經常在抵達山頂之前就折返。氣候惡化，或者自己精力充沛但隊員精疲力盡，當遇到這些情況的時候，就算爬到一半也要折返，這是登山的原則。

同樣的道理也可以完全套用在工作上。**如果在專案進行一半時停下腳步，就能早一步修正計畫，或者做出撤退的判斷**。

如果你是喜歡喝酒的人，請回想一下喝酒的時候。當你喝到已大約有八成醉的時候，旁人阻止你說「似乎喝太多了」，但你根本聽不進去。如果是半醉半醒的狀態，你起碼還能稍微冷靜地考慮到明天的事及身體狀況。

對工作來說也是一樣，所以最好養成在工作到一半時停下腳步，讓自己冷靜下來的習慣。

第7章

# 04

# 差不多就好

——沒有原創性是那麼糟糕的一件事嗎？

「想做和別人不一樣的事」、「不想做和別人一樣的事」，這樣的心情每個人都有。只是，這種心態一旦在工作和人生觀上根深蒂固，對自己的要求就會提高，而且幾乎無法超越。

如果你的身邊有工作能力普通的人，那就試著找出那個人的優點加以模仿。公司沒有這種人的話，找其他職業的人也可以。

重要的是對方必須是「工作能力普通的人」。公司內活躍的人、看起來特別的人，往往會帶給新人不好的影響。

說句不好聽的，職場上大部分上司給人的印象都是「普通」、「沒做出什麼了不起的貢獻」。可是，只要想學，就有很多東西可以學習。首先要變得和大家一樣，尤其對現在的年輕世代而言，這一點不是很重要嗎？

無論在哪個時代，「不想成為社會的小齒輪」、「不想成為公司的小螺絲」這些話都具有很強的說服力；然而，我們不能全然接受這種想法。**我認為「成為公司和社會的小齒輪」這樣的想法和實踐，是發現自己全新可能性的捷徑。**

我在三十歲之前，也是不斷地觀察並模仿周遭前輩的工作方式。我總是依賴前輩，徵詢前輩的建議。這種工作方式為我之後的職業生涯奠定了基礎。

第7章

# 05 不追求完美，適可而止就好

## ——適可而止才能創造最佳平衡

「努力的人」都有個共通點，那就是「所有事情都要盡可能做到最完美」。

可是，如果想把所有的工作都做到完美，工作不僅會毫無進展，有時甚至會失去工作的意義。

例如，在部門內部的報告書中，數字多少有些出入，或出現錯漏字，這樣就會成為無法挽回的錯誤嗎？

像提交給客戶的最終金額報價單這類文件，有些當然絕對不能出錯。不過，以我的經驗來說，幾乎所有的錯誤都能想辦法解決。

我也曾數度在提交給客戶的報價單或帳單上搞錯金額，甚至還有在負責併購時弄錯數字，向對方提交算錯數億日圓的文件，那件事也成了現在茶餘飯後的笑柄。

**重要的是預測「哪些工作要按照什麼順序消耗多少熱量？」以簡單彈性的方式來制定計畫**。如果無法針對計畫好好地排列優先順序，就有可能出現「輕度工作完美，重度工作失誤」的情況，從而導致明明很努力地熬夜通宵作業，卻沒有做出什麼成果的窘境。

## ● 如何從「完美」的束縛中解放出來？

首先，**試著將哪些工作對自己的重要程度數值化**。比如給最重要的工作打一百分，其次為九十分，再來是八十分；或者用ABC來區分等級也可以。

如此一來，你就會知道哪些工作對自己有多重要了。一百分的工作要盡量做

第7章

# 06

## 制定的計畫，進行到一半就好

——在執行的同時進行修正

如今在商業領域中，人事物及價值觀都在以驚人的速度發生變化。在這樣的時代，商業活動最重要的是如果有成功的自信，就要馬上付諸行動。

Plan（計畫）、Do（執行）、Check（評價）、Action（改善）的PDCA循環非常著名，想必大家都曾經有所耳聞吧。這個用來減少中途停滯和猶豫的管理循環，是商業活動中的基本循環。

我曾經擔任過品牌經理和行銷部長，當時就是透過PDCA循環的做法，在三、五年的時間裡忠實地完成管理循環，使工作順利成功。

可是，如今一切事物都在以驚人的速度變化。

自從 YouTube和 Twitter 開始流行之後，世界在短短的十幾年就發生改變，想必未來的五年也會有很多事情出現變化。正因為處於這樣的時代，行動時即使計畫進行到一半也無妨。即便中途發生意料之外的情況，商務活動只要能像變色龍一樣行動，及時進行修正就沒有問題。

一旦出現好的計畫，那麼就先採取行動。一邊行動一邊思考，一邊行動一邊修正，這正是目前追求的工作形式。因此，與其努力制定最初的計畫，不如讓自己**能夠靈活應對之後的變化，這樣的形式更為重要**。我認為，行銷和產品開發部門更應該靈活思考，嚴禁把精力集中在最初的計畫和願景。

不是決定好一切再動手做，而是在動手做的過程中改變方向，現在這個時代正是以這樣的做法為前提。

第 7 章

# 07

# 尋求幫助也沒關係

——懂得說「拜託你」的重要性

一個人工作在某種意義上可以說非常輕鬆，因為既能保持自己的節奏，還能減少調整人際關係的精力。

在會議和資訊分享都可以通過網路完成的現代社會，獨自工作反而能進行得比較順利。

然而，什麼工作都靠一己之力完成是錯誤的努力方式。想當然，自己一個人做，工作量不僅會增加，也有可能連帶摧毀自己。

話雖如此，對於習慣一個人工作的人來說，要借助他人的力量是很困難的一件事。

那麼具體上應該怎麼做才好呢？那就是**養成「以不讓人討厭的厚臉皮拜託他人，不忘報答」的意識和行動的習慣**。

建議大家養成在不經意的交談中詢問同事、前輩、親友的習慣，例如「有沒有擅長這方面的人？」「關於這個專案的進展方向，能給我一些意見嗎？」等等，這麼一來就能創造與他人聯繫的契機，獲得幫助及資訊，得以輕鬆地減輕自己的負擔。得到他人的幫助後，自己有機會也要幫助那個人以作為回報。

一個人工作很容易陷入自我滿足。此外，被他人依賴也不會產生什麼不好的感覺。因此，**能夠依賴他人的人，反而更容易得到別人的支持和信賴**。

使用依賴他人的話語，同時試著通過他人稍微注意外面的世界。我建議大家都要養成這樣的習慣。

第7章

# 08

## 你的工作不只是你的工作

——只有自己「知道」的狀態下，任務會一直增加

愈是拚命努力的人，愈想一個人承擔所有工作。

我想，理由應該不外乎「一個人做比較不麻煩」、「不能給別人添麻煩」、「就算告訴他人，結果還是得自己做，只是浪費時間」等等；換言之，這樣的人認為「自己一個人管理工作」的狀態是最理想的。然而，這麼想可是大錯特錯。

如果缺乏對公司內外相關人員的瞭解，就必須花多餘的時間傳達工作內容和狀況，反而要付出更多的努力。

遇到需要緊急處理的問題時，有可能會陷入恐慌，甚至必須全部打掉重練。

也就是說，假如除了你以外的人都不瞭解情況的話，遇到突發狀況時就會來不及因應，這樣的話，絕對無法輕鬆做出成果。

現在想獨自努力工作的人，其實是處於非常危險的狀況下，只是碰巧沒有遇到麻煩，只能說是運氣好罷了。

**只要將自己的理解和計畫分享出去，就能營造出可供其他人幫忙的環境，還可以得到意想不到的建議**。

為了簡單地分享工作流程，讓我們試著思考如何活用手機應用程式吧。

儘管我也經常使用「Chatwork」這類應用程式，但必須建立幾個能夠有效發送給相關人員的電子郵件清單。建立屬於你自己的資訊分享系統，以創造出輕鬆做出成果的環境。

第7章

# 09

# 以拼接的思維解決問題

——利用「東拼西湊」創造「新意」

「拼接」就是「東拼西湊」的意思。一提到拼接，可能會給人一種沒有創造性的印象。然而，如今已是**通過「拼接」創造新事物的時代**。

現在，市場上的商品和服務的流通、行銷，以及銷售管理等情報，都拼接成大數據進行記錄保存。

現在這個時代，即使不是專業的程式設計師或ＩＴ負責人，也可以用拼接的方式在電腦上處理並活用這些資料。

像Tableau這類能夠幫助我們對資料進行分析和可視化的ＢＩ（Business

Intelligence，商業智慧）工具也被開發出來，目前正向一般用戶推廣。活用並學習這些工具也很有幫助。

《新世紀福音戰士》系列的導演庵野秀明、《黑色追緝令》的導演昆汀・塔倫提諾，都在作品中使用名為「取樣（Sampling）」的手法，充分地活用拼接。這個名詞在音樂中經常使用，這是指挪用過去的音樂，創造新的音樂的方法。他們就是透過這種方法，製作出令人嘆為觀止的精彩作品。

何況從頭開始試著努力思考，也多半是前人早就思考出來的東西，亦即所謂的「車輪再發明」。

## ●如何巧妙地拼接？

下面開始舉個具體例子來說明如何活用這個拼接術。

最近職場上的騷擾有增加的趨勢，企業的騷擾培訓開始被視為必要課程。培訓幾乎滲透了所有的大企業，而經過行政指導下的中小企業，今後想必也會被強烈要求實施這方面的培訓。

如果你是總務部門底下的員工，將來應該也有機會負責這類培訓的企畫實施。在這種情況下，應該如何活用拼接式的工作術呢？

想要進行拼接，首先就得收集碎片，讓我們根據四個要素來收集碎片吧。這四個要素分別是人、物品（內容）、金錢（費用）、心靈（興趣）。

舉例來說，假如要企業內部要實施預防職場騷擾培訓的話，教材可以使用市面上販售的教育培訓DVD，也可以與專業講師簽訂協助培訓合約。接下來，如果管理階層對此不感興趣的話，培訓效果自然就會減半，所以有可能需要優先考慮由專業講師進行面對面的培訓。要是公司實在挪不出培訓預算的話，也可以將政府有關單位（例如日本是厚生勞動省）提供的預防騷擾的免費宣傳手冊分發給所有員工。

應該有像這樣多樣化的碎片收集方式和組合。

碎片數量比起十年前增加了數百倍，甚至可以說是無限大，所以意識拼接的工作術是非常重要的一件事。

第7章

# 10

## 決定自己的規則

——規則讓你自由自在

不顧一切努力的人，無論是好是壞，都會意識到同步壓力，容易受到周遭的人影響而隨波逐流，從而直接面對當時的狀況、人際關係、客戶的要求等。**為了避免自己的節奏被他人或突發狀況打亂，最好制定自我規則**。

譬如，將工作方法落實到規則當中。假使必須在兩週內完成一百頁的報告資料，那就「每天做十頁，先用十天大致完成，把草稿提交給上司過目，之後的兩天收集上司的建議，最後兩天用來檢查細節和提高報告的品質」，像這樣按照計畫決定規則。

**無論進展有多快、完成的時間有多早，都要遵守自我規則**，這樣才能保持自己的節奏，得以充分地休息，也不用再去承擔不必要的工作了。

制定規則最重要的就是設定得「寬鬆一些」，這麼做就能讓心理上更容易堅持下去。

第 7 章

# 11

## 別忘記對自己說一聲「辛苦了」

——真正會誇獎自己的人只有自己

「我想自己誇獎自己一下。」

這是有森裕子小姐在一九九六年亞特蘭大奧運女子馬拉松比賽項目中獲得銅牌時所說的話，這次是她繼巴塞隆納奧運之後，第二度獲得獎牌。當時在現場觀賽的我，被她這句話深深地感動。這種「誇獎自己」的行為看似簡單，對我們一般人來說卻出乎意外地困難。

請大家試著捫心自問，別說誇獎自己，是不是反而一味地責備自己呢？通過否定自己敦促自我反省，以更上一層樓為目標，這是一件很了不起的事。

然而，如果只會一直責備自己的話，就算十分努力，也做不出成果，搞不好還會弄得身心俱疲。

## ●在一天結束或週末進行回顧

**為了好好地誇獎自己，不妨把誇獎自己的時間訂為規則**。在一天結束的時候，或者週末也可以。回顧一下今天發生的事，或者這一週自己做了哪些好事，在哪些事情上努力。

拚命努力的人，只會給人留下不好的印象，但應該至少也有一兩個好的地方才對。對不好的地方稍微反省一下，好的地方則當作成功經驗再複習一遍。最後，請把大聲說出「今天也做得很好，辛苦你了」這件事訂為規則。因為這麼做能給下次帶來好的結果。

# 後記

非常感謝大家能閱讀到最後。

正如「前言」所述，我曾在能源、食品、服飾、科技、人才開發顧問等各種行業服務過，其中大部分的經歷，都是在外商企業的第一線從事業務工作。外商公司特別講求效率，如果不能將每一季的工作成果以數字展示的話，在公司的地位就會馬上變得岌岌可危。

現在回想起來，當時我可是拚了老命在工作，不但經常長時間加班，就連週末也都在工作。儘管做出成果後，其他企業的邀約也跟著增加，年薪也隨著每次跳槽而水漲船高，但未必全然都是好事。我的加班時間不僅隨年薪成正比，壓力也劇增到了極限。

我剛當上頂尖科技企業的營業本部長時，幾乎每個月都要去矽谷出差。海外出差造成的時差使我不斷累積疲勞，繼而引發失眠，有時還會感到頭暈目眩。

從表面來看，我的職涯應該很順利才是。不但演講之類的委託變多，我也經常受邀媒體的採訪報導。只是，長期處於這樣的狀態下，身心無法承受的巨大焦慮遲遲無法消除。

直到某天早上，我才發現頭髮上開始出現大面積的圓形禿——我至今都忘不了這個打擊讓我差點掉下眼淚。只是事後回想起來，這件衝擊讓我的工作朝好的方向轉變，簡直成了我人生的紀念日。

從這一天開始，我決定重新檢視自己的工作方式和人生。我決定徹底探索「輕輕鬆鬆就能做出成果的工作術」，把親身實證訂為目標。

恰好在那個時候，我遇到幸福的「はひふへほ」這個詞。一半就好（は＝半分がいい）、平常就好（ひ＝人並みがいい）、普通就好（ふ＝普通がいい）、平凡就好（へ＝平凡がいい）、適當就好（ほ＝ほどほどがいい），這些簡單的話合在一起就是幸福的「はひふへほ」。

這個名詞既怪異又沒有什麼深意，應該是勉強湊合出來的吧？我甚至一開始對它感到厭惡。但奇怪的是，這個詞卻一直在我的腦海裡縈繞不去。

幸福的「はひふへほ」成為我重新檢視追求速度的工作方式的最佳提示，而本書的第七章也導入了這個提示。

我以身心危機為契機，從根本重新檢視自己的工作方式，以及工作與私人生活的平衡，也藉此學會許多輕輕鬆鬆就能做出成果的工作術。我曾在指導和培訓的過程中傳授學生其中一部分概念，而本書正是將這些教授內容分門別類一次公開。

如今，在後疫情時代的職場上，最需要的或許就是輕輕鬆鬆就能做出成果的工作術。而在今後的時代，這應該是能夠為員工和組織創造價值，使其更加進化的領域。

我很高興能在這種確信增強的時機點出版本書。由於新冠疫情的影響，使得我授課準備和諮詢的工作變得特別繁忙，但是在記者來栖美憂小姐協助編輯之下，本書總算得以順利出版。

現在回想起來，過去那些精通工作術及工作與生活平衡的上司和同事，實在讓我獲益良多，本書也整理出許多我從這些人身上學到的工作術。我有時會受到上司們嚴厲的斥責，但得到的鼓勵卻遠比責難更多。我想藉此機會告訴大家，回想起那許多的小故事，我每天都不忘感激。

我希望本書能夠成為各位輕鬆做出成果的一大助力，就像我的經驗和過去上司帶給我的幫助一樣。

■作者簡歷

**渡部卓**

Life Balance Management Institute代表、帝京平成大學人文社會學系教授、產業輔導員、企業主管教練。

大學畢業後進入美孚石油，以企業派遣生的身分在康乃爾大學進修人事組織，並於美國西北大學凱洛格管理學院取得EMBA學位。1990年進入日本百事可樂公司，而後陸續任職於AOL、思科系統等公司，後來於2003年創立Life Balance Management公司。如今為日本教授心理健康管理、職權騷擾、行政指導方面的第一人。著作累積超過二十本，不僅登上暢銷排行，亦有多部作品在海外翻譯發行。著書之餘，也撰寫日經財經、日經產業新聞、讀賣新聞、朝日新聞等報刊的年度專欄，並受邀參與不少電視節目的錄製，在產業心理、職場工作等領域堪稱是日本代表性的意見領袖之一。



# 從仙台跳槽矽谷

## 日本企管講師寫給新鮮人的職場進化手冊！

出　　版／楓葉社文化事業有限公司
地　　址／新北市板橋區信義路163巷3號10樓
郵政劃撥／19907596 楓書坊文化出版社
網　　址／www.maplebook.com.tw
電　　話／02-2957-6096
傳　　真／02-2957-6435
作　　者／渡部卓
翻　　譯／趙鴻龍
責任編輯／江婉瑄
內文排版／謝政龍
校　　對／邱鈺萱
港澳經銷／泛華發行代理有限公司
定　　價／350元
初版日期／2022年12月

國家圖書館出版品預行編目資料

從仙台跳槽矽谷：日本企管講師寫給新鮮人的職場進化手冊! / 渡部卓作；趙鴻龍譯. -- 初版. -- 新北市：楓葉社文化事業有限公司, 2022.12　面；　公分

ISBN 978-986-370-492-8（平裝）

1. 職場成功法 2. 工作效率

494.35　　111016243